교과 기초 **완벽 대비 연산**

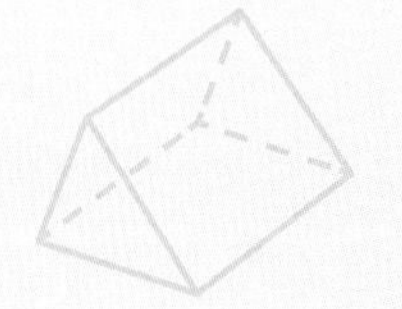

초등

4학년 2학기

교과셈

책을 내면서

연산은 교과 학습의 시작

효율적인 교과 학습을 위해서 반복 연습이 필요한 연산은 미리 연습되는 것이 좋습니다. 교과 수학을 공부할 때 새로운 개념과 생각하는 방법에 집중해야 높은 성취도를 얻을 수 있습니다. 새로운 내용을 배우면서 반복 연습이 필요한 내용은 학생들의 생각을 방해하거나 학습 속도를 늦추게 되어 집중해야 할 순간에 집중할 수 없는 상황이 되어 버립니다. 이 책은 교과 수학 공부를 대비하여 공부할 때 최고의 도움이 되도록 했습니다.

원리와 개념을 익히고 반복 연습

원리와 개념을 익히면서 연습을 하면 계산력뿐만 아니라 상황에 맞는 연산 방법을 선택할 수 있는 힘을 키울 수 있고, 교과 학습에서 연산과 관련된 원리 학습을 쉽게 이해할 수 있습니다. 숫자와 기호만 반복하는 경우에 수 연산 관련 문제가 요구하는 내용을 파악하지 못하여 계산은 할 줄 알지만 식을 세울 수 없는 경우들이 있습니다. 수학은 결과뿐 아니라 과정도 중요한 학문입니다.

사칙 연산을 넘어 반복이 필요한 전 영역 학습

사칙 연산이 연습이 제일 많이 필요하긴 하지만 도형의 공식도 연산이 필요하고, 대각선의 개수를 구할 때나 시간을 계산할 때도 연산이 필요합니다. 전통적인 연산은 아니지만 계산력을 키우기 위한 반복 연습이 필요합니다. 이 책은 학기별로 반복 연습이 필요한 전 영역을 공부하도록 하고, 어떤 식을 세워서 해결해야 하는지 이해하고 연습하도록 원리를 이해하는 과정을 다루고 있습니다.

다양한 접근 방법

수학의 풀이 방법이 한 가지가 아니듯 연산도 상황에 따라 더 합리적인 방법이 있습니다. 한 가지 방법만 반복하는 것은 수 감각을 키우는데 한계를 정해 놓고 공부하는 것과 같습니다. 반복 연습이 필요한 내용은 정확하고, 빠르게 해결하기 위한 감각을 키우는 학습입니다. 그럴수록 다양한 방법을 익히면서 공부해야 간결하고, 합리적인 방법으로 답을 찾아낼 수 있습니다.

올바른 연산 학습의 시작은 교과 학습의 완성도를 높여 줍니다. 교과셈을 통해서 효율적인 수학 공부를 할 수 있도록 하세요.

지은이 천종현

교과셈

1. 교과셈 한 권으로 교과 전 영역 기초 완벽 준비!

사칙 연산을 포함하여 반복 연습이 필요한 교과 전 영역을 다룹니다.

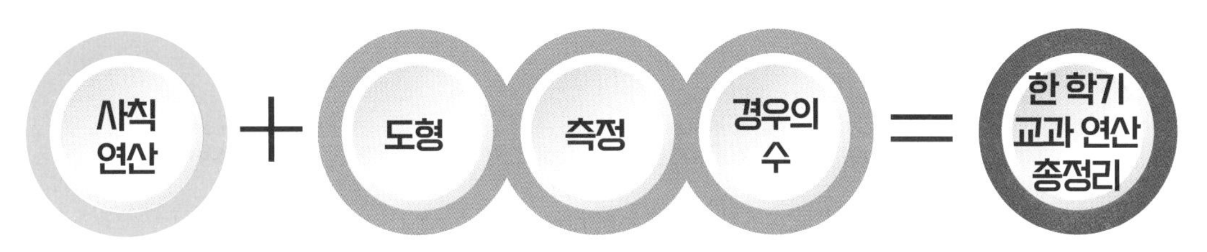

2. 원리의 이해부터 실전 연습까지!

원리의 이해부터 실전 문제 풀이까지 쉽고 확실하게 학습할 수 있습니다.

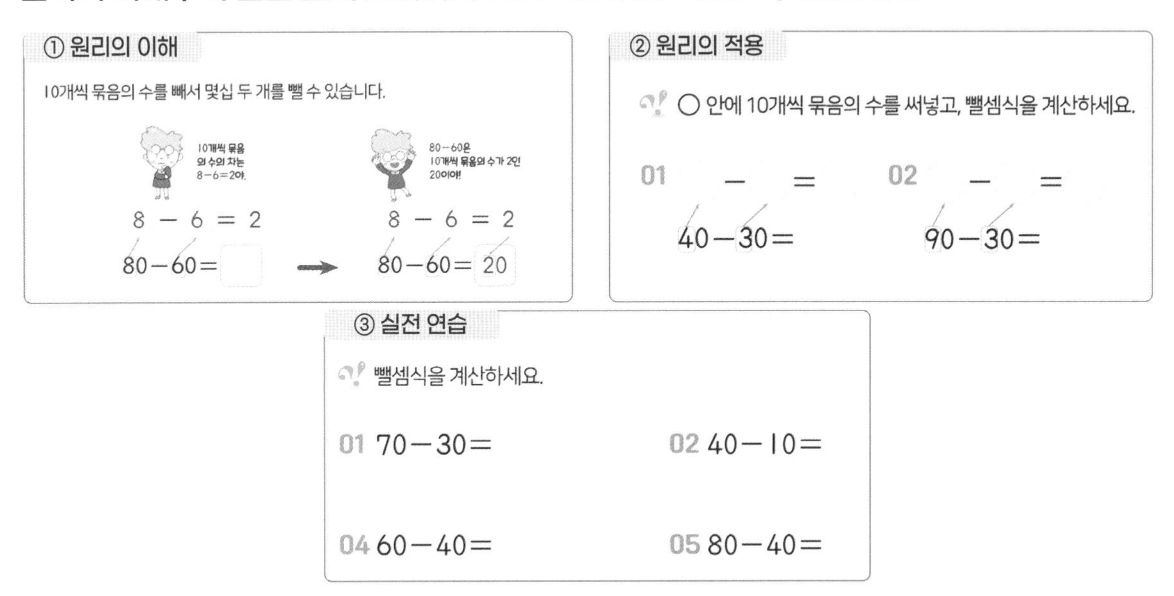

3. 다양한 연산 방법 연습!

다양한 연산 방법을 연습하면서 수를 다루는 감각도 키우고,
상황에 맞춘 더 정확하고 빠른 계산을 할 수 있도록 하였습니다.

뺄셈을 하더라도 두 가지 방법 모두 배우면 더 빠르고 정확하게 계산할 수 있어요!

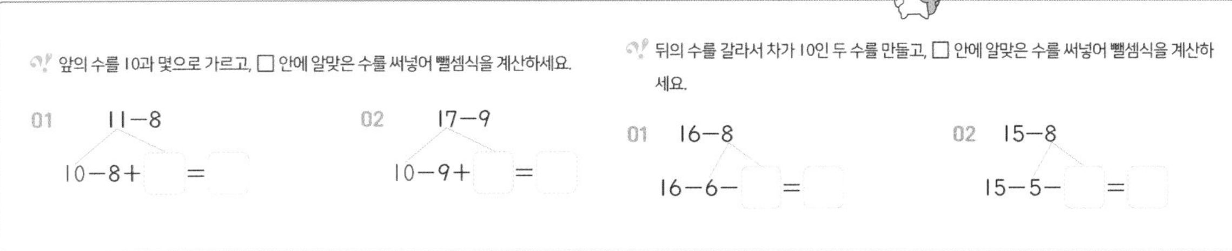

교과셈이 추천하는

학습 계획

한 권의 교재는 32개 강의로 구성

한 개의 강의는 두 개 주제로 구성

매일 한 강의씩, 또는 한 개 주제씩 공부해 주세요.

☑ 매일 한 개 강의씩 공부한다면 32일 완성 과정

복습을 하거나, 빠르게 책을 끝내고 싶은 아이들에게 추천합니다.

☑ 매일 한 개 주제씩 공부한다면 64일 완성 과정

하루 한 장 꾸준히 하고 싶은 아이들에게 추천합니다.

성취도 확인표, 이렇게 확인하세요!

교과셈 6학년 1학기

2 PART 소수의 나눗셈

차시별로 정답률을 확인하고, 성취도에 O표 하세요.

80% 이상 맞혔어요. 60%~80% 맞혔어요. 60% 이하 맞혔어요.

차시	단원	성취도
8	몫이 소수인 자연수의 나눗셈 세로셈	
9	몫이 소수인 자연수의 나눗셈 세로셈 연습	
10	몫이 소수인 자연수의 나눗셈 이해	
11	(소수)÷(자연수) 세로셈	
12	(소수)÷(자연수) 세로셈 연습 1	
13	(소수)÷(자연수) 세로셈 연습 2	
14	(소수)÷(자연수) 이해	
15	소수의 나눗셈 어림하기	
16	소수의 나눗셈 연습 1	
17	소수의 나눗셈 연습 2	

속도보다는 정확도가 중요하고, 정확도보다는 꾸준한 학습이 중요합니다! 꾸준히 할 수 있도록 하루 학습량을 적절하게 설정하여 꾸준히, 그리고 더 정확하게 풀면서 마지막으로 학습 속도도 높여 주세요!

채점하고 정답률을 계산해 성취도 확인표에 표시해 주세요. 복습할 때 정답률이 낮은 부분 위주로 하시면 됩니다. 한 장에 10분을 목표로 진행합니다. 단, 풀이 속도보다는 정답률을 높이는 것을 목표로 하여 학습을 지도해 주세요!

교과셈 4학년 2학기

연계 교과

단원	연계 교과 단원	학습 내용
Part 1 분수의 덧셈과 뺄셈	4학년 2학기 · 1단원 분수의 덧셈과 뺄셈	· 진분수의 덧셈과 뺄셈 · 합이 1인 두 분수 · 대분수가 되는 진분수의 덧셈, 진분수가 되는 (대분수)−(진분수) · 대분수의 덧셈과 뺄셈 POINT 분수의 개념을 이용하여 분모가 같은 분수의 덧셈, 뺄셈을 이해합니다. 자연수 1과 크기가 같은 분수를 따로 연습하도록 하여 분모가 같은 분수의 덧셈, 뺄셈을 체계적으로 연습하도록 했습니다.
Part 2 소수의 덧셈과 뺄셈	4학년 2학기 · 3단원 소수의 덧셈과 뺄셈	· 소수의 이해 · 자릿수가 같은 소수의 덧셈과 뺄셈 · 자릿수가 다른 소수의 덧셈과 뺄셈 POINT 소수점의 위치를 이해하는 연습을 충분히 하고, 자리를 맞추어 계산하는 소수의 덧셈과 뺄셈을 연습합니다.
Part 3 다각형의 변과 각	4학년 2학기 · 2단원 삼각형 · 4단원 사각형 · 6단원 다각형	· 특수한 삼각형의 성질 · 수직과 평행의 개념 · 특수한 사각형의 성질 · 다각형과 각의 크기 POINT 다각형의 각을 구할 때는 그 다각형의 특징을 정확하게 아는 것이 필요합니다. 다각형을 그려 보는 것을 통해서 다각형을 직관적으로 알 수 있도록 합니다.
Part 4 가짓수 구하기와 다각형의 각	4학년 2학기 · 6단원 다각형	· 곱셈으로 가짓수 구하기 · 악수하기와 리그전 · 반장과 부반장, 대표 2명 뽑기 · 다각형의 내각의 합 구하기 POINT 4학년 2학기에 대각선의 개수와 다각형의 내각의 합, 정다각형의 한 각의 크기를 구하는 것을 공부합니다. 이들을 구하는 방법을 이해하기 위해서는 몇 가지 경우의 수에 대한 이해가 필요합니다. 4학년이라면 알아야 할 경우의 수를 공부하고 대각선의 개수 구하기 등으로 이어집니다.

교과셈

자세히 보기

원리의 이해

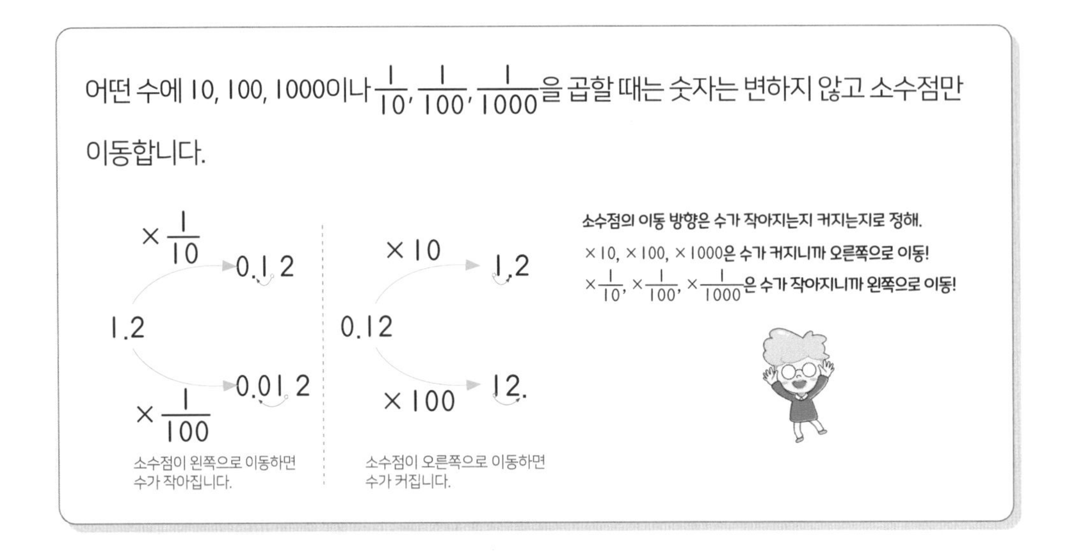

식뿐만 아니라 그림도 최대한 활용하여 개념과 원리를 쉽게 이해할 수 있도록 하였습니다. 또한 캐릭터의 설명으로 원리에서 핵심만 요약했습니다.

단계화된 연습

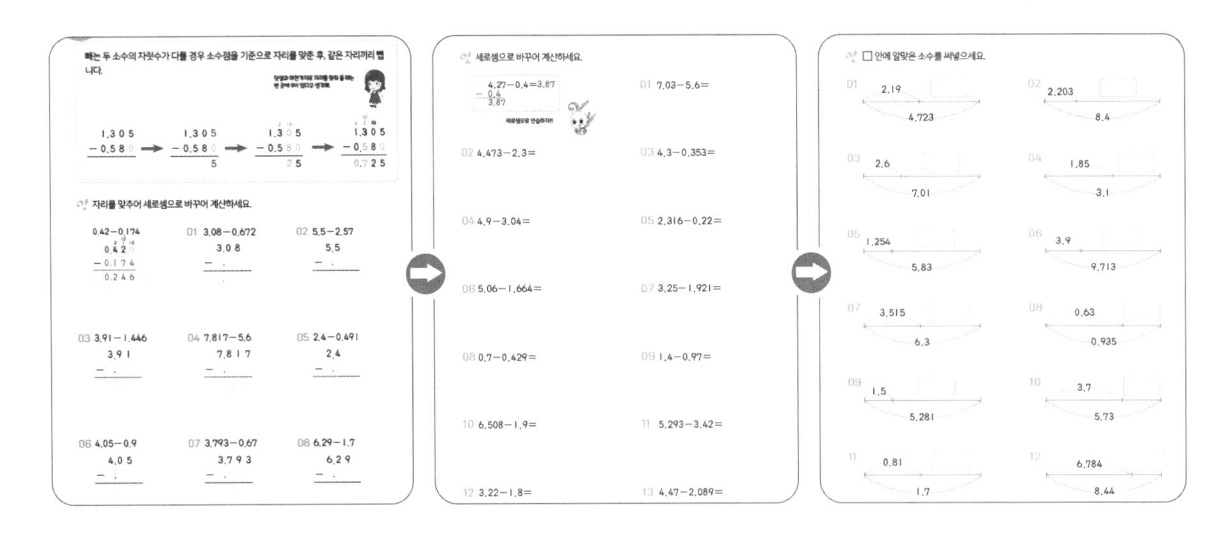

처음에는 원리에 따른 연산 방법을 따라서 연습하지만, 풀이 과정을 단계별로 단순화하고, 실전 연습까지 이어집니다.

초등 4학년 2학기

다양한 연습

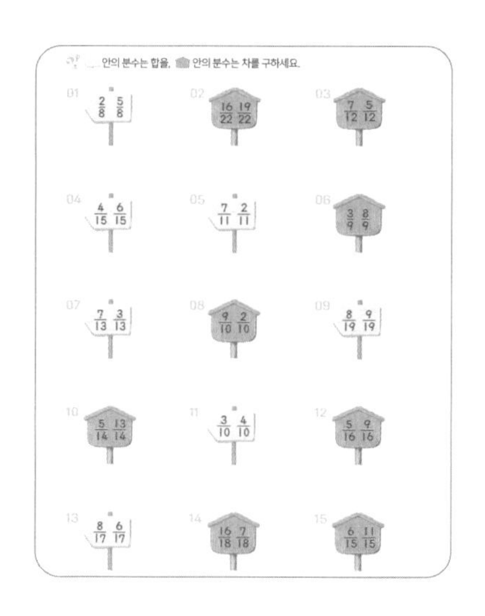

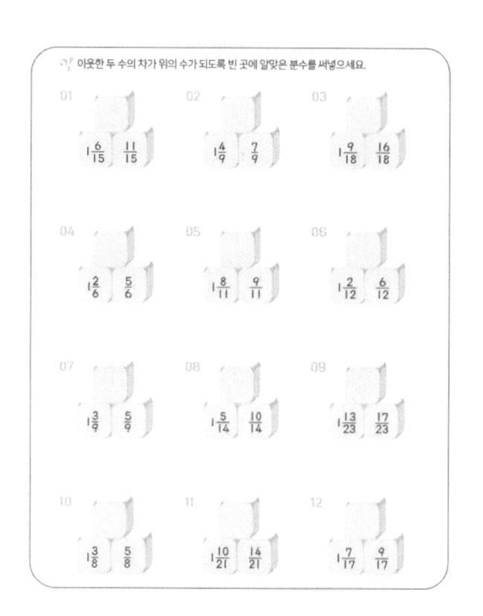

전형적인 형태의 연습 문제 위주로 집중 연습을 하지만 여러 형태의 문제도 다루면서 지루함을 최소화하도록 구성했습니다.

교과 확인

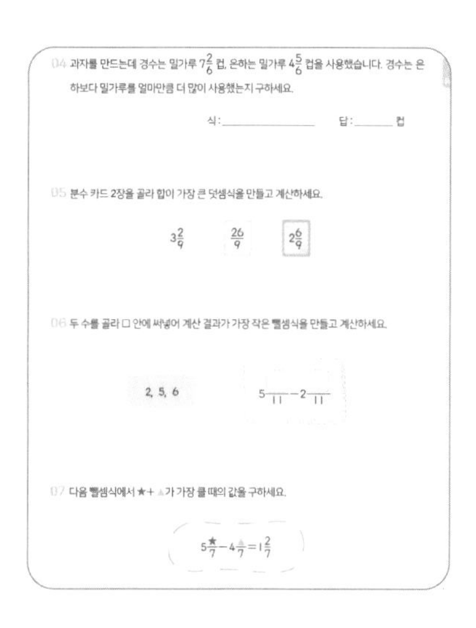

교과 유사 문제를 통해 성취도도 확인하고
교과 내용의 흐름도 파악합니다.

재미있는 퀴즈

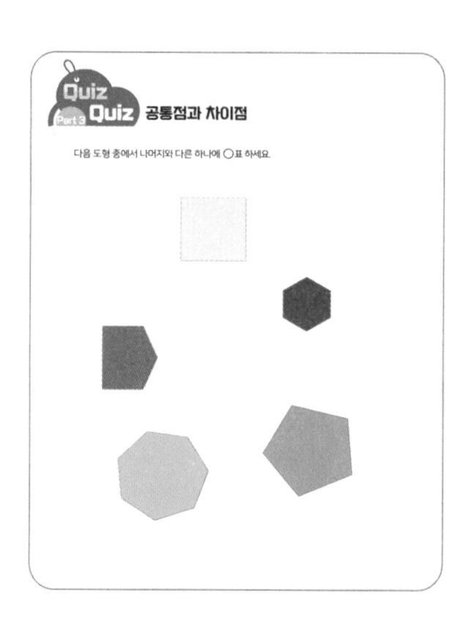

학년별 수준에 맞춘 알쏭달쏭 퀴즈를
풀면서 주위를 환기하고 다음 단원,
다음 권을 준비합니다.

교과셈

전체 단계

1-1		
Part 1	9까지의 수	
Part 2	모으기, 가르기	
Part 3	덧셈과 뺄셈	
Part 4	받아올림과 받아내림의 기초	

1-2	
Part 1	100까지의 수
Part 2	두 자리 수 덧셈, 뺄셈의 기초
Part 3	(몇)+(몇)=(십몇)
Part 4	(십몇)−(몇)=(몇)

2-1	
Part 1	두 자리 수의 덧셈
Part 2	두 자리 수의 뺄셈
Part 3	덧셈과 뺄셈의 관계
Part 4	곱셈

2-2	
Part 1	곱셈구구
Part 2	곱셈식의 □ 구하기
Part 3	길이의 계산
Part 4	시각과 시간의 계산

3-1	
Part 1	덧셈과 뺄셈
Part 2	나눗셈
Part 3	곱셈
Part 4	길이와 시간의 계산

3-2	
Part 1	곱셈
Part 2	나눗셈
Part 3	분수
Part 4	들이와 무게

4-1	
Part 1	각도
Part 2	곱셈
Part 3	나눗셈
Part 4	규칙이 있는 계산

4-2	
Part 1	분수의 덧셈과 뺄셈
Part 2	소수의 덧셈과 뺄셈
Part 3	다각형의 변과 각
Part 4	가짓수 구하기와 다각형의 각

5-1	
Part 1	자연수의 혼합 계산
Part 2	약수와 배수
Part 3	약분과 통분, 분수의 덧셈과 뺄셈
Part 4	다각형의 둘레와 넓이

5-2	
Part 1	수의 범위와 어림하기
Part 2	분수의 곱셈
Part 3	소수의 곱셈
Part 4	평균 구하기

6-1	
Part 1	분수의 나눗셈
Part 2	소수의 나눗셈
Part 3	비와 비율
Part 4	직육면체의 부피와 겉넓이

6-2	
Part 1	분수의 나눗셈
Part 2	소수의 나눗셈
Part 3	비례식과 비례배분
Part 4	원주와 원의 넓이

분수의 덧셈과 뺄셈

차시별로 정답률을 확인하고, 성취도에 O표 하세요.

80% 이상 맞혔어요. 60% ~ 80% 맞혔어요. 60% 이하 맞혔어요.

차시	단원	성취도
1	진분수의 덧셈과 뺄셈	
2	진분수의 덧셈과 뺄셈 연습	
3	합이 1인 두 분수	
4	대분수가 되는 진분수의 덧셈	
5	자연수가 1인 대분수와 진분수의 뺄셈	
6	대분수의 덧셈	
7	대분수의 덧셈 연습	
8	대분수의 뺄셈	
9	대분수의 뺄셈 연습	
10	분수의 덧셈과 뺄셈 연습	

분수의 덧셈과 뺄셈은 분자가 1인 단위분수의 개수로 이해할 수 있습니다.

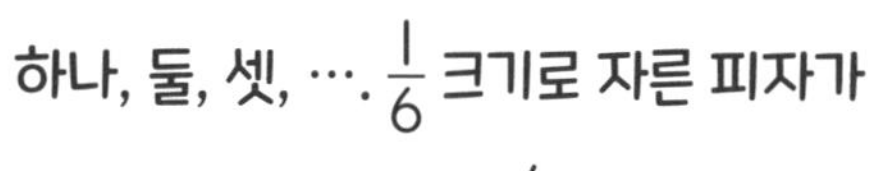

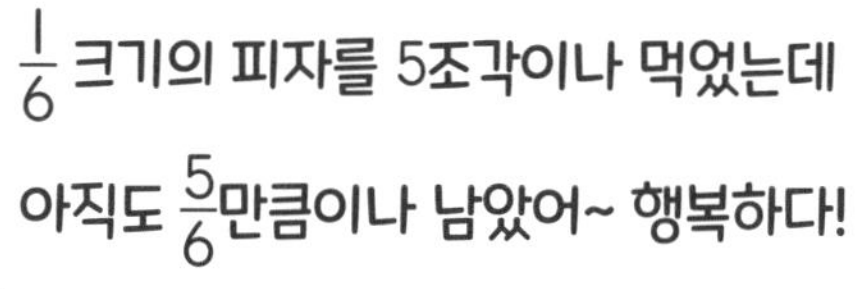

01 진분수의 덧셈과 뺄셈

A 분모가 같은 분수의 덧셈은 분자끼리 더해요

분모가 같은 두 분수의 덧셈은 분자끼리 더하고, 분모는 똑같이 씁니다.

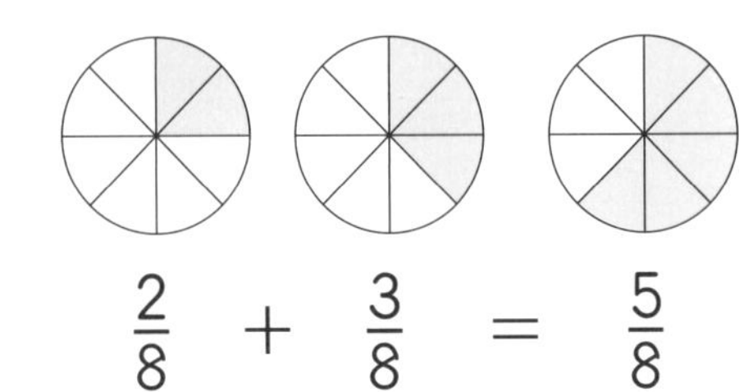

$$\frac{2}{8} + \frac{3}{8} = \frac{5}{8}$$

$\frac{1}{8}$ 2개와 $\frac{1}{8}$ 3개를 더하면 $\frac{1}{8}$ 5개

분모가 같은 두 분수의 덧셈은
분자가 1인 단위분수의 개수로 생각해.

$\frac{2}{8}$는 $\frac{1}{8}$이 2개라고 생각하는 거야.

□ 안에 알맞은 수를 써넣으세요.

01 $\frac{1}{5}+\frac{3}{5}=\frac{\square}{5}$

02 $\frac{2}{6}+\frac{2}{6}=\frac{\square}{6}$

03 $\frac{5}{11}+\frac{3}{11}=\frac{\square}{11}$

04 $\frac{3}{7}+\frac{2}{7}=\frac{\square}{7}$

05 $\frac{4}{18}+\frac{9}{18}=\frac{\square}{18}$

06 $\frac{5}{8}+\frac{1}{8}=\frac{\square}{8}$

07 $\frac{8}{13}+\frac{4}{13}=\frac{\square}{13}$

08 $\frac{4}{9}+\frac{2}{9}=\frac{\square}{9}$

09 $\frac{6}{14}+\frac{5}{14}=\frac{\square}{14}$

10 $\frac{2}{6}+\frac{3}{6}=\frac{\square}{6}$

11 $\frac{6}{12}+\frac{4}{12}=\frac{\square}{12}$

12 $\frac{3}{16}+\frac{8}{16}=\frac{\square}{16}$

13 $\frac{5}{10}+\frac{2}{10}=\frac{\square}{10}$

14 $\frac{1}{9}+\frac{7}{9}=\frac{\square}{9}$

15 $\frac{4}{13}+\frac{3}{13}=\frac{\square}{13}$

계산하세요.

01 $\frac{2}{14}+\frac{5}{14}=$

02 $\frac{7}{16}+\frac{8}{16}=$

03 $\frac{2}{8}+\frac{4}{8}=$

04 $\frac{3}{7}+\frac{2}{7}=$

05 $\frac{3}{10}+\frac{2}{10}=$

06 $\frac{9}{17}+\frac{3}{17}=$

07 $\frac{1}{11}+\frac{4}{11}=$

08 $\frac{1}{4}+\frac{1}{4}=$

09 $\frac{3}{15}+\frac{6}{15}=$

10 $\frac{7}{12}+\frac{3}{12}=$

11 $\frac{6}{19}+\frac{7}{19}=$

12 $\frac{5}{14}+\frac{7}{14}=$

13 $\frac{9}{16}+\frac{6}{16}=$

14 $\frac{4}{9}+\frac{3}{9}=$

15 $\frac{3}{13}+\frac{7}{13}=$

16 $\frac{3}{8}+\frac{2}{8}=$

17 $\frac{9}{18}+\frac{4}{18}=$

18 $\frac{11}{21}+\frac{7}{21}=$

진분수의 덧셈과 뺄셈

01 B 분모가 같은 분수의 뺄셈은 분자끼리 빼요

분모가 같은 두 분수의 뺄셈은 분자끼리 빼고, 분모는 똑같이 씁니다.

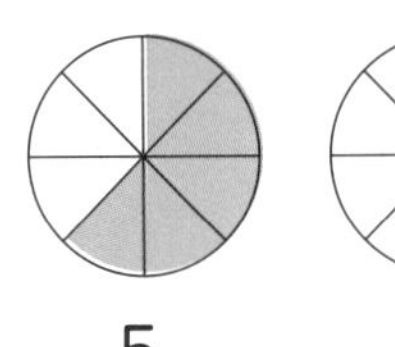
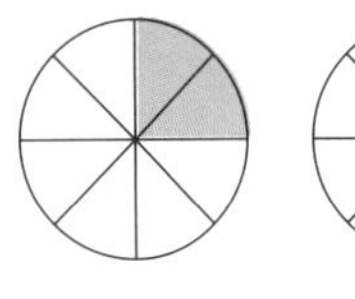
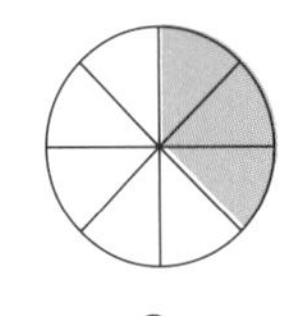

$$\frac{5}{8} - \frac{2}{8} = \frac{3}{8}$$

$\frac{1}{8}$ 5개에서 $\frac{1}{8}$ 2개를 빼면 $\frac{1}{8}$ 3개

분모가 같은 두 분수의 뺄셈도 덧셈과 마찬가지로 분자가 1인 단위분수의 개수로 생각해.

□ 안에 알맞은 수를 써넣으세요.

01 $\frac{7}{10}-\frac{5}{10}=\frac{\square}{10}$

02 $\frac{5}{9}-\frac{3}{9}=\frac{\square}{9}$

03 $\frac{9}{16}-\frac{6}{16}=\frac{\square}{16}$

04 $\frac{15}{17}-\frac{8}{17}=\frac{\square}{17}$

05 $\frac{14}{15}-\frac{7}{15}=\frac{\square}{15}$

06 $\frac{12}{13}-\frac{11}{13}=\frac{\square}{13}$

07 $\frac{5}{7}-\frac{3}{7}=\frac{\square}{7}$

08 $\frac{8}{12}-\frac{4}{12}=\frac{\square}{12}$

09 $\frac{7}{8}-\frac{4}{8}=\frac{\square}{8}$

10 $\frac{15}{18}-\frac{9}{18}=\frac{\square}{18}$

11 $\frac{7}{11}-\frac{5}{11}=\frac{\square}{11}$

12 $\frac{7}{9}-\frac{3}{9}=\frac{\square}{9}$

13 $\frac{9}{14}-\frac{3}{14}=\frac{\square}{14}$

14 $\frac{4}{6}-\frac{1}{6}=\frac{\square}{6}$

15 $\frac{11}{12}-\frac{8}{12}=\frac{\square}{12}$

계산하세요.

01 $\frac{9}{15}-\frac{4}{15}=$

02 $\frac{17}{18}-\frac{5}{18}=$

03 $\frac{8}{9}-\frac{4}{9}=$

04 $\frac{10}{14}-\frac{7}{14}=$

05 $\frac{12}{13}-\frac{7}{13}=$

06 $\frac{14}{17}-\frac{6}{17}=$

07 $\frac{3}{10}-\frac{2}{10}=$

08 $\frac{3}{7}-\frac{1}{7}=$

09 $\frac{13}{16}-\frac{5}{16}=$

10 $\frac{3}{5}-\frac{2}{5}=$

11 $\frac{9}{12}-\frac{7}{12}=$

12 $\frac{7}{11}-\frac{4}{11}=$

13 $\frac{6}{8}-\frac{5}{8}=$

14 $\frac{15}{17}-\frac{12}{17}=$

15 $\frac{10}{16}-\frac{2}{16}=$

16 $\frac{17}{19}-\frac{8}{19}=$

17 $\frac{5}{10}-\frac{2}{10}=$

18 $\frac{16}{22}-\frac{13}{22}=$

진분수의 덧셈과 뺄셈 연습

02 A 분모가 같으면 분자끼리 더하고 빼요

계산하세요.

01 $\frac{7}{8}-\frac{3}{8}=$

02 $\frac{5}{10}+\frac{4}{10}=$

03 $\frac{13}{15}-\frac{8}{15}=$

04 $\frac{10}{12}-\frac{3}{12}=$

05 $\frac{1}{9}+\frac{7}{9}=$

06 $\frac{6}{17}+\frac{5}{17}=$

07 $\frac{14}{16}-\frac{7}{16}=$

08 $\frac{4}{7}+\frac{2}{7}=$

09 $\frac{8}{10}-\frac{5}{10}=$

10 $\frac{3}{14}+\frac{9}{14}=$

11 $\frac{17}{18}-\frac{9}{18}=$

12 $\frac{6}{14}+\frac{2}{14}=$

13 $\frac{10}{13}-\frac{5}{13}=$

14 $\frac{5}{11}+\frac{5}{11}=$

15 $\frac{6}{9}-\frac{5}{9}=$

16 $\frac{1}{8}+\frac{4}{8}=$

17 $\frac{14}{19}+\frac{2}{19}=$

18 $\frac{17}{20}-\frac{3}{20}=$

두 분수의 합과 차를 구하세요.

01 $\frac{6}{9}$ $\frac{2}{9}$

합 =

차 =

02 $\frac{9}{14}$ $\frac{3}{14}$

합 =

차 =

03 $\frac{5}{17}$ $\frac{10}{17}$

합 =

차 =

04 $\frac{6}{12}$ $\frac{5}{12}$

합 =

차 =

05 $\frac{3}{15}$ $\frac{9}{15}$

합 =

차 =

06 $\frac{3}{11}$ $\frac{5}{11}$

합 =

차 =

07 $\frac{3}{18}$ $\frac{13}{18}$

합 =

차 =

08 $\frac{8}{16}$ $\frac{4}{16}$

합 =

차 =

09 $\frac{8}{24}$ $\frac{6}{24}$

합 =

차 =

진분수의 덧셈과 뺄셈 연습

02 B 연산 기호는 항상 정확하게 보고 계산해요

계산하세요.

01 $\frac{4}{11}+\frac{4}{11}=$

02 $\frac{9}{17}-\frac{3}{17}=$

03 $\frac{3}{6}+\frac{2}{6}=$

04 $\frac{2}{7}-\frac{1}{7}=$

05 $\frac{13}{15}-\frac{6}{15}=$

06 $\frac{9}{16}-\frac{5}{16}=$

07 $\frac{8}{12}-\frac{6}{12}=$

08 $\frac{7}{13}+\frac{2}{13}=$

09 $\frac{8}{15}+\frac{3}{15}=$

10 $\frac{16}{18}-\frac{7}{18}=$

11 $\frac{7}{11}-\frac{4}{11}=$

12 $\frac{3}{9}+\frac{1}{9}=$

13 $\frac{2}{8}+\frac{4}{8}=$

14 $\frac{9}{10}-\frac{7}{10}=$

15 $\frac{4}{20}+\frac{13}{20}=$

16 $\frac{8}{14}-\frac{1}{14}=$

17 $\frac{4}{19}+\frac{11}{19}=$

18 $\frac{6}{9}-\frac{2}{9}=$

1 PART

안의 분수는 합을, 안의 분수는 차를 구하세요.

01 

02 

03 

04 $\frac{4}{15}$ $\frac{6}{15}$

05 $\frac{7}{11}$ $\frac{2}{11}$

06 

07 $\frac{7}{13}$ $\frac{3}{13}$

08 $\frac{9}{10}$ $\frac{2}{10}$

09 

10 $\frac{5}{14}$ $\frac{13}{14}$

11 $\frac{3}{10}$ $\frac{4}{10}$

12 $\frac{5}{16}$ $\frac{9}{16}$

13 $\frac{8}{17}$ $\frac{6}{17}$

14 $\frac{16}{18}$ $\frac{7}{18}$

15 $\frac{6}{15}$ $\frac{11}{15}$

03 합이 1인 두 분수

A 두 분수를 더하면 1이에요

□ 안에 알맞은 수를 써넣으세요.

분자와 분모가 같을 때
분수의 크기는 자연수 1과 같아.

01 $\frac{7}{8}+\frac{\square}{8}=1$

02 $\frac{2}{4}+\frac{\square}{4}=1$

03 $\frac{4}{10}+\frac{\square}{10}=1$

04 $\frac{6}{14}+\frac{\square}{14}=1$

05 $\frac{11}{13}+\frac{\square}{13}=1$

06 $\frac{8}{16}+\frac{\square}{16}=1$

07 $\frac{3}{9}+\frac{\square}{9}=1$

08 $\frac{5}{6}+\frac{\square}{6}=1$

09 $\frac{3}{10}+\frac{\square}{10}=1$

10 $\frac{5}{7}+\frac{\square}{7}=1$

11 $\frac{2}{12}+\frac{\square}{12}=1$

12 $\frac{1}{5}+\frac{\square}{5}=1$

13 $\frac{3}{8}+\frac{\square}{8}=1$

14 $\frac{4}{9}+\frac{\square}{9}=1$

15 $\frac{6}{11}+\frac{\square}{11}=1$

16 $\frac{3}{15}+\frac{\square}{15}=1$

17 $\frac{5}{14}+\frac{\square}{14}=1$

18 $\frac{11}{20}+\frac{\square}{20}=1$

공부한 날 : 월 일

□ 안에 알맞은 수를 써넣으세요.

01 $\frac{2}{5}+\frac{\square}{5}=1$

02 $\frac{7}{19}+\frac{\square}{19}=1$

03 $\frac{6}{15}+\frac{\square}{15}=1$

04 $\frac{8}{21}+\frac{\square}{21}=1$

05 $\frac{6}{13}+\frac{\square}{13}=1$

06 $\frac{6}{7}+\frac{\square}{7}=1$

07 $\frac{5}{16}+\frac{\square}{16}=1$

08 $\frac{3}{6}+\frac{\square}{6}=1$

09 $\frac{7}{11}+\frac{\square}{11}=1$

10 $\frac{9}{12}+\frac{\square}{12}=1$

11 $\frac{8}{10}+\frac{\square}{10}=1$

12 $\frac{13}{18}+\frac{\square}{18}=1$

13 $\frac{15}{17}+\frac{\square}{17}=1$

14 $\frac{11}{15}+\frac{\square}{15}=1$

15 $\frac{6}{8}+\frac{\square}{8}=1$

16 $\frac{3}{7}+\frac{\square}{7}=1$

17 $\frac{1}{16}+\frac{\square}{16}=1$

18 $\frac{7}{9}+\frac{\square}{9}=1$

합이 1인 두 분수

03 B 1에서 진분수를 빼요

1을 분수로 바꾸면 분자와 분모가 같아.

□ 안에 알맞은 수를 써넣으세요.

01 $1-\frac{8}{11}=\frac{\square}{11}$

02 $1-\frac{3}{14}=\frac{\square}{14}$

03 $1-\frac{7}{17}=\frac{\square}{17}$

04 $1-\frac{6}{9}=\frac{\square}{9}$

05 $1-\frac{9}{15}=\frac{\square}{15}$

06 $1-\frac{1}{8}=\frac{\square}{8}$

07 $1-\frac{3}{10}=\frac{\square}{10}$

08 $1-\frac{3}{4}=\frac{\square}{4}$

09 $1-\frac{7}{13}=\frac{\square}{13}$

10 $1-\frac{11}{18}=\frac{\square}{18}$

11 $1-\frac{14}{16}=\frac{\square}{16}$

12 $1-\frac{1}{7}=\frac{\square}{7}$

13 $1-\frac{4}{6}=\frac{\square}{6}$

14 $1-\frac{6}{12}=\frac{\square}{12}$

15 $1-\frac{2}{15}=\frac{\square}{15}$

16 $1-\frac{12}{16}=\frac{\square}{16}$

17 $1-\frac{13}{19}=\frac{\square}{19}$

18 $1-\frac{7}{9}=\frac{\square}{9}$

□ 안에 알맞은 수를 써넣으세요.

01 $1-\frac{2}{5}=\frac{\square}{5}$

02 $1-\frac{9}{11}=\frac{\square}{11}$

03 $1-\frac{8}{16}=\frac{\square}{16}$

04 $1-\frac{16}{22}=\frac{\square}{22}$

05 $1-\frac{2}{3}=\frac{\square}{3}$

06 $1-\frac{5}{9}=\frac{\square}{9}$

07 $1-\frac{8}{12}=\frac{\square}{12}$

08 $1-\frac{9}{15}=\frac{\square}{15}$

09 $1-\frac{14}{18}=\frac{\square}{18}$

10 $1-\frac{1}{6}=\frac{\square}{6}$

11 $1-\frac{9}{16}=\frac{\square}{16}$

12 $1-\frac{6}{15}=\frac{\square}{15}$

13 $1-\frac{5}{18}=\frac{\square}{18}$

14 $1-\frac{2}{13}=\frac{\square}{13}$

15 $1-\frac{4}{8}=\frac{\square}{8}$

16 $1-\frac{3}{9}=\frac{\square}{9}$

17 $1-\frac{7}{14}=\frac{\square}{14}$

18 $1-\frac{12}{17}=\frac{\square}{17}$

04 대분수가 되는 진분수의 덧셈

A 가분수는 대분수로 바꾸어요

진분수를 더한 결과가 가분수이면 대분수로 바꿉니다.

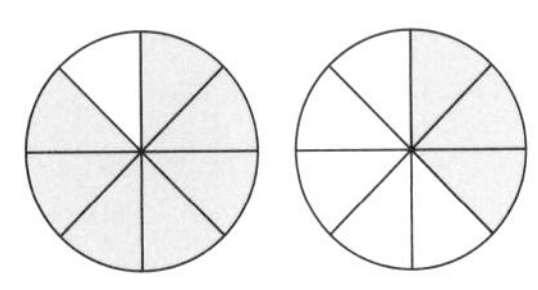

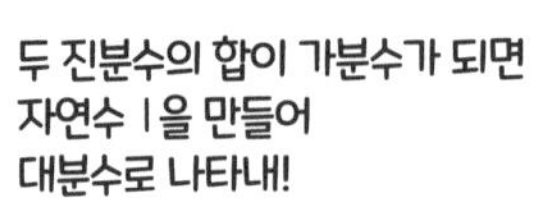

$$\frac{7}{8} + \frac{3}{8} = \frac{10}{8} = 1\frac{2}{8}$$

$\frac{1}{8}$ 7개와 $\frac{1}{8}$ 3개를 더하면 $\frac{1}{8}$ 10개, $\frac{8}{8}$로 자연수 1을 만들어요

두 진분수의 합이 가분수가 되면
자연수 1을 만들어
대분수로 나타내!

□ 안에 알맞은 수를 써넣으세요.

01 $\frac{6}{7}+\frac{5}{7}=\frac{\square}{7}=\square\frac{\square}{7}$

02 $\frac{8}{10}+\frac{7}{10}=\frac{\square}{10}=\square\frac{\square}{10}$

03 $\frac{7}{12}+\frac{9}{12}=\frac{\square}{12}=\square\frac{\square}{12}$

04 $\frac{4}{9}+\frac{7}{9}=\frac{\square}{9}=\square\frac{\square}{9}$

05 $\frac{2}{6}+\frac{5}{6}=\frac{\square}{6}=\square\frac{\square}{6}$

06 $\frac{7}{11}+\frac{10}{11}=\frac{\square}{11}=\square\frac{\square}{11}$

07 $\frac{8}{13}+\frac{7}{13}=\frac{\square}{13}=\square\frac{\square}{13}$

08 $\frac{5}{8}+\frac{6}{8}=\frac{\square}{8}=\square\frac{\square}{8}$

09 $\frac{9}{10}+\frac{8}{10}=\frac{\square}{10}=\square\frac{\square}{10}$

10 $\frac{8}{9}+\frac{7}{9}=\frac{\square}{9}=\square\frac{\square}{9}$

계산하세요.

01 $\frac{7}{8}+\frac{7}{8}=$

02 $\frac{8}{14}+\frac{13}{14}=$

03 $\frac{2}{10}+\frac{9}{10}=$

04 $\frac{11}{16}+\frac{8}{16}=$

05 $\frac{7}{13}+\frac{10}{13}=$

06 $\frac{16}{23}+\frac{19}{23}=$

07 $\frac{12}{19}+\frac{13}{19}=$

08 $\frac{5}{7}+\frac{4}{7}=$

09 $\frac{9}{12}+\frac{7}{12}=$

10 $\frac{8}{11}+\frac{10}{11}=$

11 $\frac{4}{15}+\frac{12}{15}=$

12 $\frac{12}{17}+\frac{15}{17}=$

13 $\frac{6}{9}+\frac{7}{9}=$

14 $\frac{4}{6}+\frac{5}{6}=$

15 $\frac{11}{14}+\frac{9}{14}=$

16 $\frac{14}{18}+\frac{9}{18}=$

17 $\frac{4}{12}+\frac{9}{12}=$

18 $\frac{7}{9}+\frac{3}{9}=$

04 B 진분수의 덧셈을 연습해요

계산하세요.

01 $\frac{7}{12}+\frac{7}{12}=$

02 $\frac{9}{15}+\frac{8}{15}=$

03 $\frac{17}{19}+\frac{15}{19}=$

04 $\frac{15}{16}+\frac{11}{16}=$

05 $\frac{7}{13}+\frac{12}{13}=$

06 $\frac{6}{7}+\frac{6}{7}=$

07 $\frac{7}{9}+\frac{5}{9}=$

08 $\frac{2}{4}+\frac{3}{4}=$

09 $\frac{17}{21}+\frac{13}{21}=$

10 $\frac{10}{11}+\frac{6}{11}=$

11 $\frac{14}{24}+\frac{19}{24}=$

12 $\frac{8}{10}+\frac{6}{10}=$

13 $\frac{7}{14}+\frac{10}{14}=$

14 $\frac{5}{6}+\frac{2}{6}=$

15 $\frac{14}{18}+\frac{9}{18}=$

16 $\frac{6}{17}+\frac{15}{17}=$

17 $\frac{9}{12}+\frac{7}{12}=$

18 $\frac{8}{15}+\frac{9}{15}=$

계산하세요.

01 $\frac{14}{16}+\frac{8}{16}=$

02 $\frac{4}{9}+\frac{6}{9}=$

03 $\frac{9}{11}+\frac{4}{11}=$

04 $\frac{8}{15}+\frac{14}{15}=$

05 $\frac{8}{14}+\frac{9}{14}=$

06 $\frac{15}{18}+\frac{8}{18}=$

07 $\frac{16}{25}+\frac{17}{25}=$

08 $\frac{9}{10}+\frac{5}{10}=$

09 $\frac{6}{13}+\frac{8}{13}=$

10 $\frac{4}{5}+\frac{3}{5}=$

11 $\frac{21}{22}+\frac{16}{22}=$

12 $\frac{4}{7}+\frac{4}{7}=$

13 $\frac{9}{19}+\frac{14}{19}=$

14 $\frac{4}{11}+\frac{9}{11}=$

15 $\frac{11}{12}+\frac{8}{12}=$

16 $\frac{3}{8}+\frac{7}{8}=$

17 $\frac{6}{14}+\frac{11}{14}=$

18 $\frac{14}{17}+\frac{15}{17}=$

자연수가 1인 대분수와 진분수의 뺄셈

05 A 자연수 1을 분수로 고쳐서 빼요

진분수끼리 뺄 수 없을 때는 자연수 1을 분수로 고치고 가분수에서 진분수를 뺍니다.

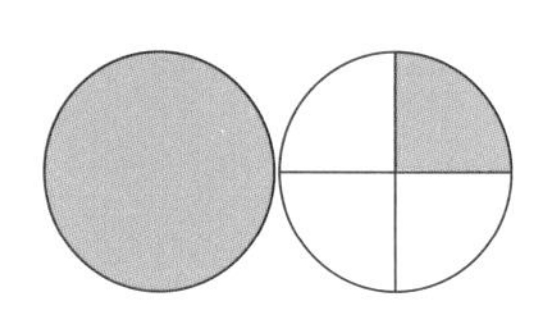
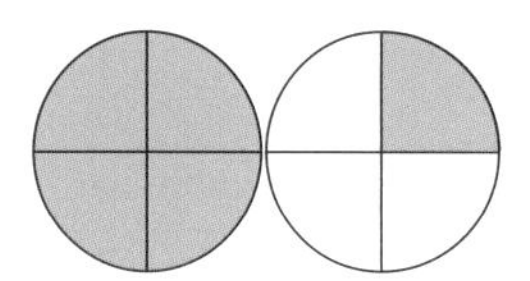
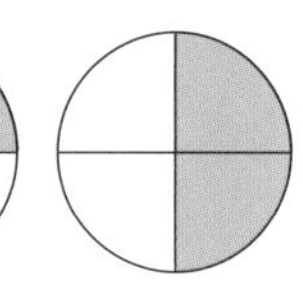
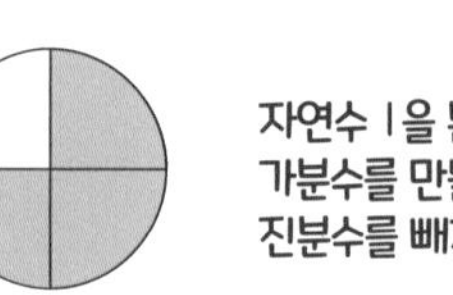

$1\frac{1}{4} - \frac{2}{4} = \frac{5}{4} - \frac{2}{4} = \frac{3}{4}$

자연수 1을 $\frac{4}{4}$로 고쳐요 $\frac{1}{4}$ 5개에서 $\frac{1}{4}$ 2개를 빼면 $\frac{1}{4}$ 3개

□ 안에 알맞은 수를 써넣으세요.

01 $1\frac{5}{8}-\frac{6}{8}=\frac{\square}{8}-\frac{6}{8}=\frac{\square}{8}$

02 $1\frac{3}{12}-\frac{6}{12}=\frac{\square}{12}-\frac{6}{12}=\frac{\square}{12}$

03 $1\frac{1}{7}-\frac{4}{7}=\frac{\square}{7}-\frac{4}{7}=\frac{\square}{7}$

04 $1\frac{5}{11}-\frac{8}{11}=\frac{\square}{11}-\frac{8}{11}=\frac{\square}{11}$

05 $1\frac{3}{6}-\frac{5}{6}=\frac{\square}{6}-\frac{5}{6}=\frac{\square}{6}$

06 $1\frac{2}{10}-\frac{9}{10}=\frac{\square}{10}-\frac{9}{10}=\frac{\square}{10}$

07 $1\frac{4}{9}-\frac{7}{9}=\frac{\square}{9}-\frac{7}{9}=\frac{\square}{9}$

08 $1\frac{1}{3}-\frac{2}{3}=\frac{\square}{3}-\frac{2}{3}=\frac{\square}{3}$

09 $1\frac{4}{10}-\frac{6}{10}=\frac{\square}{10}-\frac{6}{10}=\frac{\square}{10}$

10 $1\frac{3}{5}-\frac{4}{5}=\frac{\square}{5}-\frac{4}{5}=\frac{\square}{5}$

계산하세요.

01 $1\frac{1}{4}-\frac{3}{4}=$

02 $1\frac{3}{10}-\frac{7}{10}=$

03 $1\frac{5}{9}-\frac{7}{9}=$

04 $1\frac{3}{5}-\frac{4}{5}=$

05 $1\frac{6}{12}-\frac{10}{12}=$

06 $1\frac{10}{16}-\frac{13}{16}=$

07 $1\frac{4}{11}-\frac{9}{11}=$

08 $1\frac{2}{6}-\frac{3}{6}=$

09 $1\frac{9}{20}-\frac{13}{20}=$

10 $1\frac{7}{15}-\frac{8}{15}=$

11 $1\frac{3}{14}-\frac{5}{14}=$

12 $1\frac{2}{8}-\frac{4}{8}=$

13 $1\frac{2}{9}-\frac{5}{9}=$

14 $1\frac{1}{11}-\frac{8}{11}=$

15 $1\frac{5}{12}-\frac{9}{12}=$

16 $1\frac{10}{13}-\frac{11}{13}=$

17 $1\frac{4}{7}-\frac{6}{7}=$

18 $1\frac{4}{14}-\frac{7}{14}=$

05 자연수가 1인 대분수와 진분수의 뺄셈

B 자연수가 1인 대분수와 분수의 뺄셈을 연습해요

계산하세요.

01 $1\frac{4}{9}-\frac{5}{9}=$

02 $1\frac{3}{10}-\frac{6}{10}=$

03 $1\frac{2}{7}-\frac{4}{7}=$

04 $1\frac{4}{20}-\frac{16}{20}=$

05 $1\frac{8}{14}-\frac{13}{14}=$

06 $1\frac{1}{5}-\frac{4}{5}=$

07 $1\frac{11}{21}-\frac{18}{21}=$

08 $1\frac{2}{4}-\frac{3}{4}=$

09 $1\frac{4}{18}-\frac{9}{18}=$

10 $1\frac{14}{16}-\frac{15}{16}=$

11 $1\frac{6}{9}-\frac{8}{9}=$

12 $1\frac{2}{6}-\frac{3}{6}=$

13 $1\frac{6}{15}-\frac{8}{15}=$

14 $1\frac{1}{11}-\frac{9}{11}=$

15 $1\frac{8}{12}-\frac{11}{12}=$

16 $1\frac{1}{3}-\frac{2}{3}=$

17 $1\frac{4}{8}-\frac{7}{8}=$

18 $1\frac{2}{10}-\frac{4}{10}=$

이웃한 두 수의 차가 위의 수가 되도록 빈 곳에 알맞은 분수를 써넣으세요.

01

02

03

04

05

06

07

08

09

10

11

12

대분수의 덧셈

06 A 대분수의 덧셈을 계산하는 두 가지 방법을 배워요

○ 자연수끼리, 진분수끼리 더해요.

$1\frac{2}{7}+2\frac{3}{7}=(1+2)+(\frac{2}{7}+\frac{3}{7})=3\frac{5}{7}$

자연수끼리 더해요. 진분수끼리 더해요.

$3\frac{5}{7}+1\frac{3}{7}=(3+1)+(\frac{5}{7}+\frac{3}{7})=4+\frac{8}{7}=4+1\frac{1}{7}=5\frac{1}{7}$

자연수끼리 더해요. 진분수끼리 더해요. 자연수 1을 만들어 대분수로 고쳐요.

대분수의 덧셈 방법 첫 번째는

① 자연수끼리, 진분수끼리 더해요.

② 진분수 부분이 가분수가 되면 대분수로 고치고 자연수끼리, 진분수끼리 더해요.

□ 안에 알맞은 수를 써넣으세요.

01 $3\frac{1}{6}+2\frac{4}{6}=(\square+\square)+(\frac{\square}{6}+\frac{\square}{6})=\square\frac{\square}{6}$

02 $2\frac{3}{5}+2\frac{4}{5}=(\square+\square)+(\frac{\square}{5}+\frac{\square}{5})=\square+\square\frac{\square}{5}=\square\frac{\square}{5}$

○ 가분수로 고쳐서 더해요.

$1\frac{2}{7}+2\frac{3}{7}=\frac{9}{7}+\frac{17}{7}=\frac{26}{7}=3\frac{5}{7}$

가분수로 고치고 분자끼리 더해요. 다시 대분수로 고쳐요.

대분수의 덧셈 방법 두 번째는

① 가분수로 고치고 분자끼리 더해요.

② 계산 결과를 다시 대분수로 고쳐요.

□ 안에 알맞은 수를 써넣으세요.

03 $3\frac{3}{4}+2\frac{2}{4}=\frac{\square}{4}+\frac{\square}{4}=\frac{\square}{4}=\square\frac{\square}{4}$

04 $2\frac{7}{9}+1\frac{6}{9}=\frac{\square}{9}+\frac{\square}{9}=\frac{\square}{9}=\square\frac{\square}{9}$

공부한 날 : 월 일

대부분은 자연수와 진분수를
따로 더하는 방법이 더 편리해.

계산하세요.

01 $4\frac{4}{5}+2\frac{3}{5}=$

02 $2\frac{8}{13}+2\frac{9}{13}=$

03 $2\frac{2}{10}+4\frac{5}{10}=$

04 $1\frac{4}{7}+5\frac{5}{7}=$

05 $3\frac{2}{6}+2\frac{5}{6}=$

06 $1\frac{11}{14}+1\frac{6}{14}=$

07 $4\frac{8}{15}+1\frac{11}{15}=$

08 $1\frac{1}{4}+3\frac{2}{4}=$

09 $3\frac{3}{9}+2\frac{5}{9}=$

10 $3\frac{1}{8}+4\frac{4}{8}=$

11 $3\frac{6}{7}+3\frac{4}{7}=$

12 $2\frac{4}{15}+2\frac{7}{15}=$

13 $2\frac{6}{9}+1\frac{7}{9}=$

14 $1\frac{2}{11}+2\frac{8}{11}=$

15 $1\frac{12}{16}+1\frac{7}{16}=$

16 $3\frac{1}{7}+3\frac{4}{7}=$

17 $1\frac{7}{10}+5\frac{8}{10}=$

18 $2\frac{2}{12}+3\frac{5}{12}=$

대분수의 덧셈

06 B 대분수와 진분수의 덧셈도 자연수 따로, 분수 따로

계산하세요.

$2\frac{2}{3}+\frac{2}{3}=2+\frac{4}{3}=3\frac{1}{3}$

01 $1\frac{4}{8}+\frac{6}{8}=$

02 $2\frac{4}{9}+\frac{3}{9}=$

03 $1\frac{4}{7}+2\frac{6}{7}=$

04 $\frac{2}{5}+1\frac{4}{5}=$

05 $3\frac{5}{6}+1\frac{3}{6}=$

06 $\frac{9}{11}+1\frac{4}{11}=$

07 $2\frac{10}{12}+3\frac{5}{12}=$

08 $1\frac{4}{7}+3\frac{6}{7}=$

09 $4\frac{11}{15}+2\frac{10}{15}=$

10 $3\frac{3}{4}+2\frac{2}{4}=$

11 $4\frac{5}{13}+\frac{11}{13}=$

12 $\frac{4}{5}+2\frac{3}{5}=$

13 $4\frac{7}{11}+\frac{6}{11}=$

14 $1\frac{2}{8}+3\frac{7}{8}=$

15 $2\frac{4}{9}+\frac{8}{9}=$

16 $1\frac{5}{6}+3\frac{4}{6}=$

17 $3\frac{8}{10}+2\frac{9}{10}=$

계산하세요.

진분수끼리 더한 결과가 가분수인데도 그대로 쓰고 있는 건 아니지?

01 $2\frac{7}{8}+3\frac{5}{8}=$

02 $1\frac{9}{11}+\frac{4}{11}=$

03 $2\frac{4}{13}+1\frac{7}{13}=$

04 $1\frac{4}{7}+2\frac{4}{7}=$

05 $1\frac{12}{14}+\frac{6}{14}=$

06 $\frac{2}{4}+1\frac{3}{4}=$

07 $\frac{12}{15}+3\frac{10}{15}=$

08 $3\frac{3}{7}+2\frac{6}{7}=$

09 $2\frac{7}{12}+2\frac{9}{12}=$

10 $1\frac{6}{10}+\frac{8}{10}=$

11 $2\frac{6}{14}+\frac{9}{14}=$

12 $\frac{6}{9}+2\frac{5}{9}=$

13 $4\frac{4}{5}+2\frac{3}{5}=$

14 $1\frac{8}{10}+2\frac{4}{10}=$

15 $\frac{5}{6}+4\frac{3}{6}=$

16 $3\frac{2}{16}+\frac{3}{16}=$

17 $\frac{4}{8}+2\frac{7}{8}=$

18 $3\frac{12}{16}+1\frac{9}{16}=$

대분수의 덧셈 연습

07 A 자연수끼리, 분수끼리 계산하고 대분수 확인!!

계산하세요.

01 $2\frac{3}{6}+2\frac{5}{6}=$

02 $3\frac{4}{10}+2\frac{9}{10}=$

03 $1\frac{5}{9}+3\frac{6}{9}=$

04 $\frac{7}{13}+2\frac{11}{13}=$

05 $2\frac{8}{14}+1\frac{9}{14}=$

06 $1\frac{3}{5}+1\frac{1}{5}=$

07 $1\frac{3}{4}+2\frac{2}{4}=$

08 $\frac{3}{6}+2\frac{5}{6}=$

09 $1\frac{10}{13}+3\frac{11}{13}=$

10 $3\frac{6}{15}+1\frac{8}{15}=$

11 $1\frac{13}{16}+2\frac{11}{16}=$

12 $2\frac{5}{7}+\frac{4}{7}=$

13 $4\frac{7}{8}+\frac{6}{8}=$

14 $3\frac{8}{10}+2\frac{3}{10}=$

15 $\frac{10}{11}+4\frac{6}{11}=$

16 $4\frac{9}{12}+1\frac{5}{12}=$

17 $3\frac{4}{8}+\frac{6}{8}=$

18 $2\frac{8}{9}+3\frac{7}{9}=$

저울이 수평을 이루도록 빈 곳에 알맞은 분수를 써넣으세요.

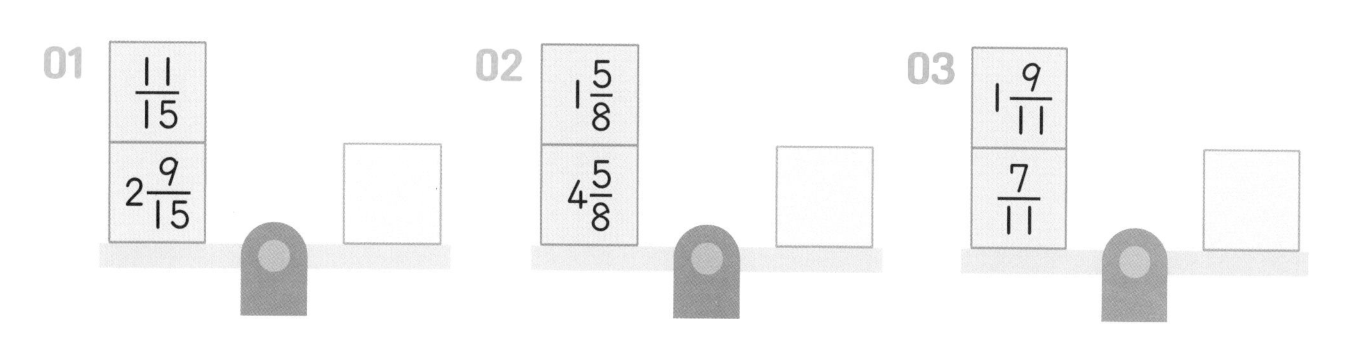

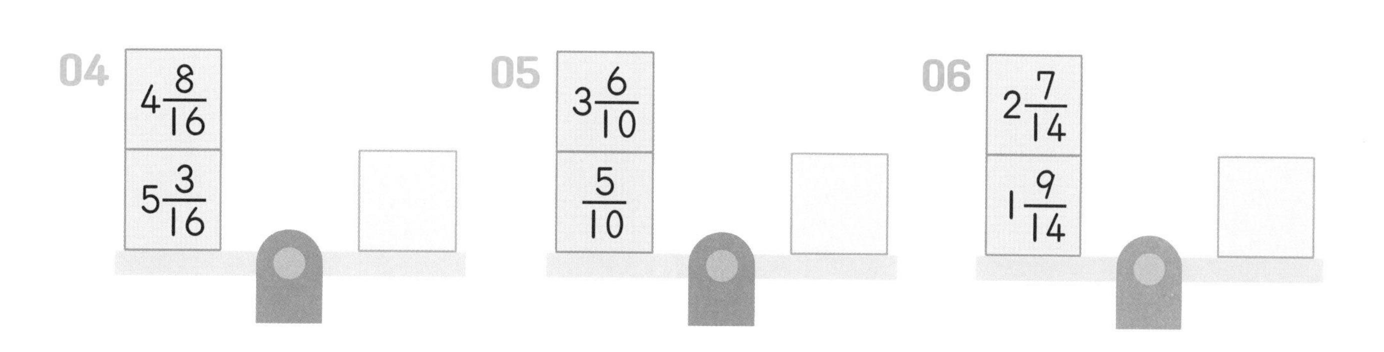

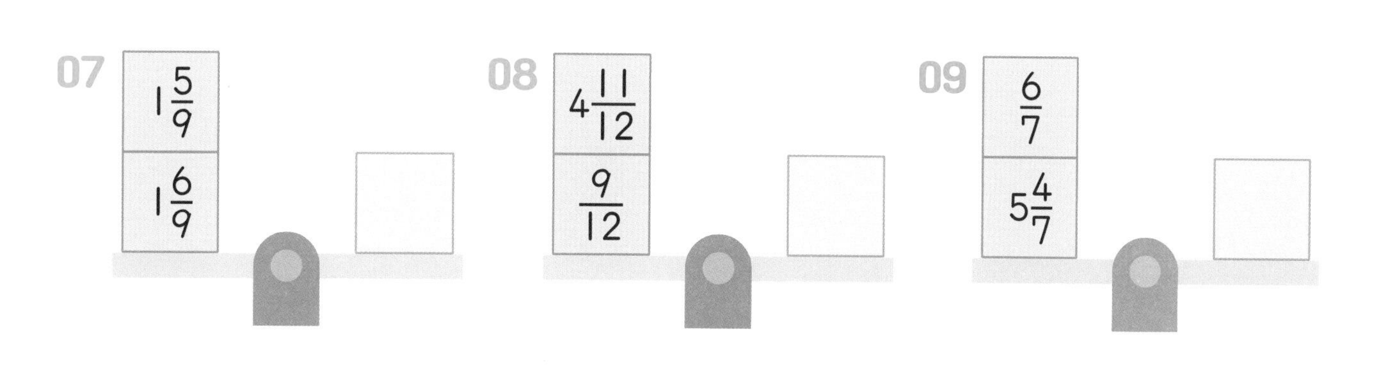

07 대분수의 덧셈 연습

B 마지막 답은 대분수로 나타내요

계산하세요.

01 $1\frac{9}{14}+5\frac{7}{14}=$

02 $3\frac{10}{12}+2\frac{6}{12}=$

03 $2\frac{4}{8}+2\frac{7}{8}=$

04 $3\frac{5}{7}+\frac{4}{7}=$

05 $2\frac{2}{4}+1\frac{3}{4}=$

06 $1\frac{9}{10}+3\frac{4}{10}=$

07 $2\frac{11}{15}+1\frac{7}{15}=$

08 $3\frac{6}{11}+2\frac{9}{11}=$

09 $\frac{3}{5}+3\frac{4}{5}=$

10 $4\frac{13}{16}+1\frac{8}{16}=$

11 $2\frac{5}{13}+2\frac{6}{13}=$

12 $1\frac{6}{9}+2\frac{8}{9}=$

13 $2\frac{7}{8}+5\frac{2}{8}=$

14 $\frac{3}{6}+1\frac{5}{6}=$

15 $2\frac{4}{7}+3\frac{2}{7}=$

16 $3\frac{6}{9}+1\frac{8}{9}=$

17 $2\frac{12}{14}+2\frac{11}{14}=$

18 $4\frac{5}{6}+\frac{5}{6}=$

1 PART

계산하세요.

01 $5\frac{10}{14}$ $+3\frac{7}{14}$ →

02 $3\frac{8}{17}$ $+1\frac{10}{17}$ →

03 $\frac{5}{9}$ $+4\frac{6}{9}$ →

04 $3\frac{6}{11}$ $+2\frac{8}{11}$ →

05 $3\frac{10}{13}$ $+1\frac{8}{13}$ →

06 $5\frac{4}{10}$ $+1\frac{5}{10}$ →

07 $\frac{6}{8}$ $+1\frac{4}{8}$ →

08 $3\frac{15}{18}$ $+\frac{13}{18}$ →

09 $1\frac{15}{21}$ $+4\frac{11}{21}$ →

10 $1\frac{9}{12}$ $+\frac{10}{12}$ →

11 $\frac{5}{11}$ $+1\frac{8}{11}$ →

12 $4\frac{3}{5}$ $+3\frac{4}{5}$ →

대분수의 뺄셈

08 A 대분수의 뺄셈을 계산하는 두 가지 방법을 배워요

○ 자연수끼리, 진분수끼리 빼요.

$3\frac{3}{5}-1\frac{1}{5}=(3-1)+(\frac{3}{5}-\frac{1}{5})=2\frac{2}{5}$

자연수끼리 빼요. 진분수끼리 빼요.

$3\frac{2}{7}-1\frac{5}{7}=2\frac{9}{7}-1\frac{5}{7}=(2-1)+(\frac{9}{7}-\frac{5}{7})=1\frac{4}{7}$

진분수 부분을 뺄 수 없으면
자연수 1을 분수로 고쳐서 가분수를 만들어요.

자연수끼리, 분수끼리 빼요.

대분수의 뺄셈 방법 첫 번째는

① 자연수끼리, 진분수끼리 빼요.

② 진분수 부분을 뺄 수 없으면
자연수 1을 분수로 고쳐서 분수끼리 빼요.

□ 안에 알맞은 수를 써넣으세요.

01 $4\frac{2}{3}-1\frac{1}{3}=(\square-\square)+(\frac{\square}{3}-\frac{\square}{3})=\square\frac{\square}{3}$

02 $4\frac{2}{5}-2\frac{4}{5}=3\frac{\square}{5}-2\frac{4}{5}=(\square-\square)+(\frac{\square}{5}-\frac{\square}{5})=\square\frac{\square}{5}$

○ 가분수로 고쳐서 빼요.

$3\frac{3}{8}-1\frac{5}{8}=\frac{27}{8}-\frac{13}{8}=\frac{14}{8}=1\frac{6}{8}$

가분수로 고치고
분자끼리 빼요.

다시 대분수로
고쳐요.

대분수의 뺄셈 방법 두 번째는

① 가분수로 고치고 분자끼리 빼요.

② 계산 결과가 가분수이면 다시 대분수로 고쳐요.

□ 안에 알맞은 수를 써넣으세요.

03 $4\frac{1}{4}-1\frac{2}{4}=\frac{\square}{4}-\frac{\square}{4}=\frac{\square}{4}=\square\frac{\square}{4}$

04 $3\frac{4}{6}-2\frac{5}{6}=\frac{\square}{6}-\frac{\square}{6}=\frac{\square}{6}$

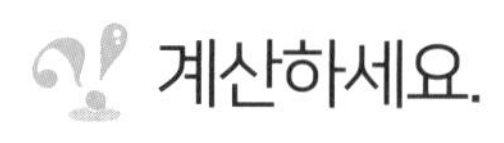

계산하세요.

대부분은 자연수와 진분수를
따로 빼는 방법이 더 편리해.

01 $4\frac{1}{7}-2\frac{3}{7}=$

02 $4\frac{2}{9}-2\frac{8}{9}=$

03 $6\frac{4}{10}-2\frac{9}{10}=$

04 $2\frac{4}{8}-1\frac{7}{8}=$

05 $6\frac{6}{19}-3\frac{14}{19}=$

06 $5\frac{6}{7}-1\frac{3}{7}=$

07 $6\frac{9}{13}-4\frac{4}{13}=$

08 $4\frac{1}{4}-1\frac{3}{4}=$

09 $3\frac{11}{15}-2\frac{14}{15}=$

10 $3\frac{2}{7}-2\frac{3}{7}=$

11 $3\frac{8}{12}-1\frac{3}{12}=$

12 $3\frac{5}{14}-1\frac{10}{14}=$

13 $4\frac{3}{6}-1\frac{4}{6}=$

14 $4\frac{5}{10}-2\frac{8}{10}=$

15 $6\frac{1}{5}-3\frac{2}{5}=$

16 $5\frac{7}{11}-2\frac{10}{11}=$

17 $6\frac{3}{9}-1\frac{8}{9}=$

18 $5\frac{7}{8}-3\frac{5}{8}=$

대분수의 뺄셈

08 B 대분수와 진분수의 뺄셈도 자연수 따로, 분수 따로

계산하세요.

$3\frac{2}{5}-\frac{4}{5}=2\frac{7}{5}-\frac{4}{5}=2\frac{3}{5}$

01 $4\frac{5}{7}-\frac{6}{7}=$

02 $3\frac{2}{5}-\frac{4}{5}=$

03 $5\frac{4}{9}-2\frac{7}{9}=$

04 $4\frac{3}{10}-\frac{6}{10}=$

05 $5\frac{5}{6}-4\frac{4}{6}=$

06 $5\frac{10}{13}-\frac{12}{13}=$

07 $3\frac{8}{16}-2\frac{14}{16}=$

08 $2\frac{7}{12}-\frac{11}{12}=$

09 $4\frac{2}{8}-2\frac{5}{8}=$

10 $3\frac{11}{13}-1\frac{2}{13}=$

11 $5\frac{1}{8}-\frac{7}{8}=$

12 $6\frac{2}{4}-\frac{3}{4}=$

13 $6\frac{4}{10}-4\frac{8}{10}=$

14 $5\frac{6}{7}-3\frac{3}{7}=$

15 $7\frac{4}{9}-\frac{1}{9}=$

16 $4\frac{9}{15}-1\frac{11}{15}=$

17 $3\frac{2}{6}-2\frac{4}{6}=$

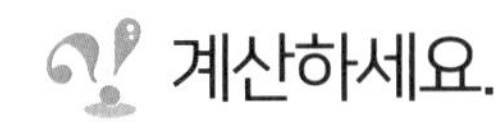
계산하세요.

01 $4\frac{7}{8}-\frac{2}{8}=$

02 $5\frac{11}{15}-1\frac{14}{15}=$

03 $3\frac{6}{9}-1\frac{7}{9}=$

04 $4\frac{2}{10}-1\frac{8}{10}=$

05 $6\frac{1}{4}-2\frac{3}{4}=$

06 $3\frac{5}{7}-\frac{1}{7}=$

07 $3\frac{4}{16}-2\frac{7}{16}=$

08 $4\frac{10}{12}-3\frac{9}{12}=$

09 $6\frac{5}{10}-\frac{9}{10}=$

10 $1\frac{3}{9}-\frac{8}{9}=$

11 $6\frac{1}{8}-2\frac{2}{8}=$

12 $4\frac{7}{24}-1\frac{17}{24}=$

13 $2\frac{2}{6}-\frac{5}{6}=$

14 $5\frac{8}{12}-4\frac{2}{12}=$

15 $4\frac{3}{13}-\frac{7}{13}=$

16 $3\frac{5}{10}-1\frac{8}{10}=$

17 $5\frac{4}{7}-2\frac{6}{7}=$

18 $5\frac{10}{14}-\frac{3}{14}=$

대분수의 뺄셈 연습

A 분수끼리 뺄 수 없을 때는 자연수 1을 분수로!!

계산하세요.

01 $3\frac{1}{5}-2\frac{3}{5}=$

02 $6\frac{5}{10}-3\frac{7}{10}=$

03 $4\frac{6}{12}-\frac{9}{12}=$

04 $4\frac{2}{9}-2\frac{8}{9}=$

05 $2\frac{3}{6}-1\frac{5}{6}=$

06 $6\frac{1}{7}-2\frac{4}{7}=$

07 $4\frac{2}{8}-\frac{7}{8}=$

08 $5\frac{11}{13}-2\frac{8}{13}=$

09 $7\frac{1}{4}-1\frac{2}{4}=$

10 $4\frac{3}{5}-3\frac{2}{5}=$

11 $5\frac{3}{11}-3\frac{10}{11}=$

12 $5\frac{7}{10}-\frac{8}{10}=$

13 $3\frac{3}{8}-1\frac{6}{8}=$

14 $6\frac{11}{16}-\frac{13}{16}=$

15 $5\frac{4}{6}-1\frac{5}{6}=$

16 $8\frac{9}{12}-5\frac{10}{12}=$

17 $4\frac{1}{7}-1\frac{4}{7}=$

18 $4\frac{5}{9}-3\frac{8}{9}=$

저울이 수평을 이루도록 빈 곳에 알맞은 분수를 써넣으세요.

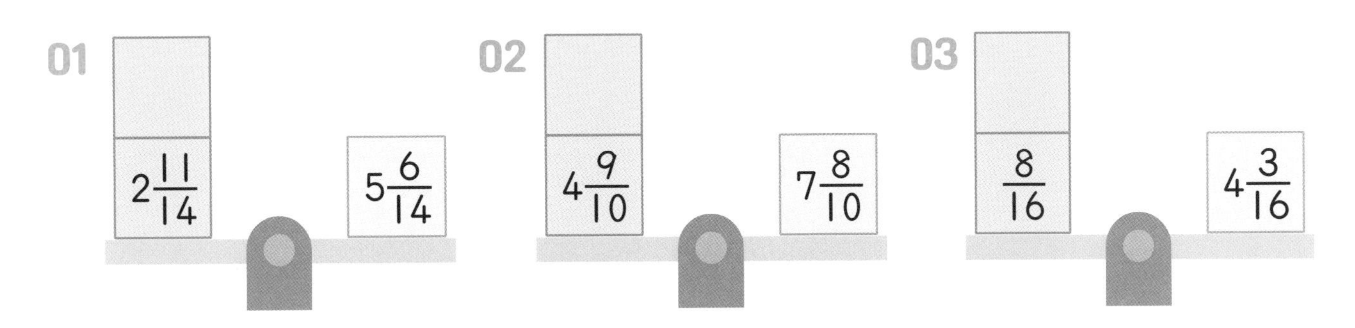

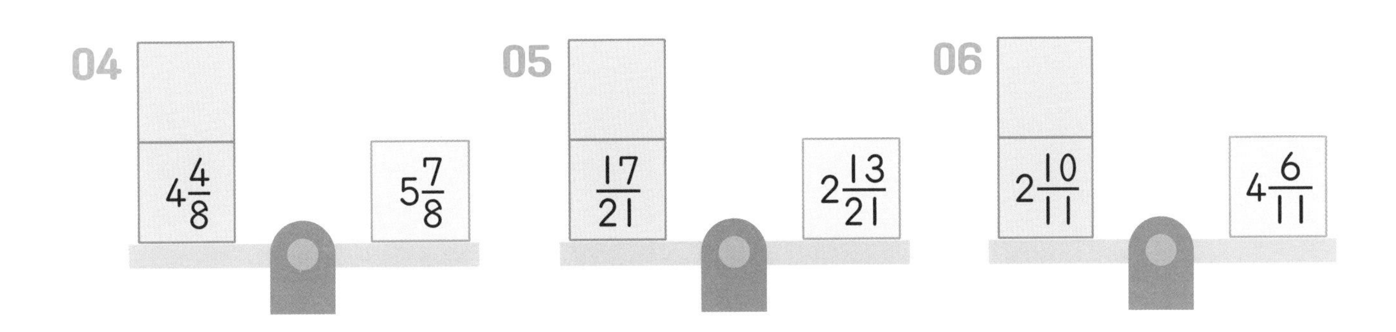

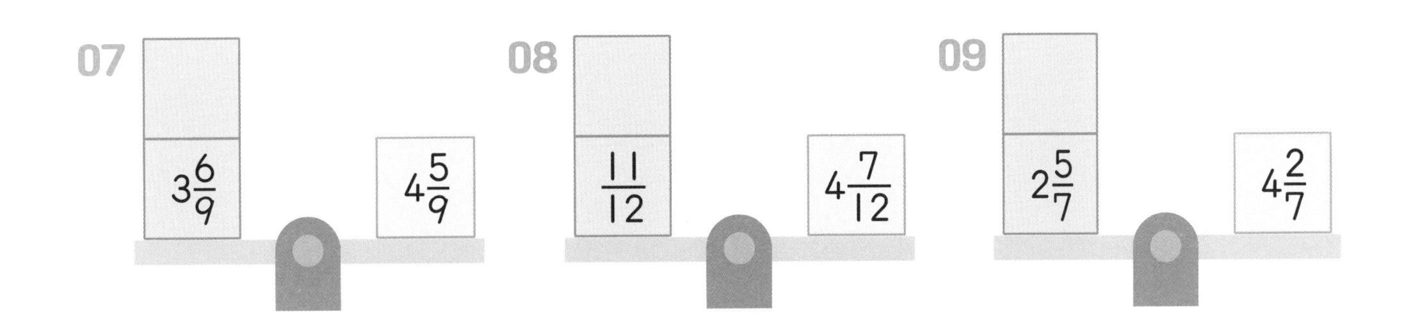

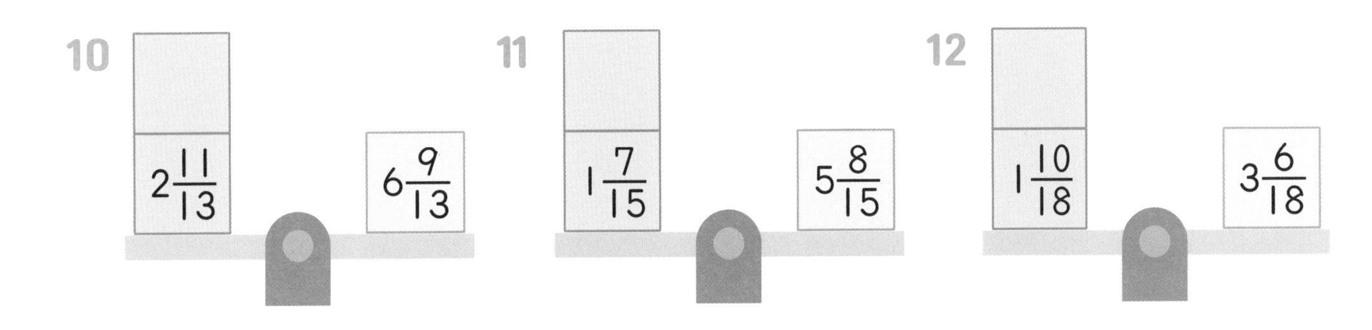

09 대분수의 뺄셈 연습

B 실수가 없도록 연습해요

계산하세요.

01 $5\frac{2}{7}-2\frac{4}{7}=$

02 $3\frac{8}{13}-\frac{10}{13}=$

03 $7\frac{2}{17}-1\frac{4}{17}=$

04 $6\frac{12}{22}-1\frac{14}{22}=$

05 $4\frac{6}{10}-2\frac{9}{10}=$

06 $3\frac{5}{11}-2\frac{7}{11}=$

07 $5\frac{3}{16}-1\frac{13}{16}=$

08 $3\frac{3}{14}-\frac{12}{14}=$

09 $3\frac{7}{9}-1\frac{1}{9}=$

10 $4\frac{2}{8}-2\frac{3}{8}=$

11 $5\frac{11}{12}-1\frac{8}{12}=$

12 $6\frac{7}{16}-3\frac{15}{16}=$

13 $3\frac{6}{14}-1\frac{11}{14}=$

14 $4\frac{1}{9}-3\frac{6}{9}=$

15 $2\frac{14}{21}-\frac{17}{21}=$

16 $4\frac{3}{5}-\frac{4}{5}=$

17 $5\frac{11}{15}-2\frac{14}{15}=$

18 $4\frac{2}{8}-3\frac{6}{8}=$

계산하세요.

01 $4\frac{6}{10}$ $-3\frac{8}{10}$ →

02 $6\frac{4}{13}$ $-2\frac{8}{13}$ →

03 $3\frac{4}{11}$ $-1\frac{7}{11}$ →

04 $5\frac{10}{17}$ $-1\frac{14}{17}$ →

05 $4\frac{9}{12}$ $-3\frac{7}{12}$ →

06 $3\frac{2}{6}$ $-\frac{4}{6}$ →

07 $5\frac{8}{15}$ $-2\frac{13}{15}$ →

08 $8\frac{5}{8}$ $-6\frac{6}{8}$ →

09 $5\frac{3}{9}$ $-1\frac{8}{9}$ →

10 $5\frac{8}{14}$ $-2\frac{6}{14}$ →

11 $4\frac{4}{16}$ $-3\frac{11}{16}$ →

12 $10\frac{1}{7}$ $-3\frac{5}{7}$ →

분수의 덧셈과 뺄셈 연습

10 A 규칙에 맞게 계산해요

두 분수의 합과 차를 구하세요.

01 $4\frac{2}{7}$ | $2\frac{3}{7}$

합 =

차 =

02 $6\frac{3}{9}$ | $2\frac{7}{9}$

합 =

차 =

03 $5\frac{10}{14}$ | $3\frac{12}{14}$

합 =

차 =

04 $4\frac{2}{5}$ | $1\frac{4}{5}$

합 =

차 =

05 $4\frac{5}{6}$ | $5\frac{2}{6}$

합 =

차 =

06 $1\frac{9}{10}$ | $5\frac{4}{10}$

합 =

차 =

07 $3\frac{13}{21}$ | $2\frac{9}{21}$

합 =

차 =

08 $3\frac{5}{8}$ | $6\frac{1}{8}$

합 =

차 =

09 $2\frac{6}{12}$ | $4\frac{3}{12}$

합 =

차 =

● 안과 ● 안의 두 분수의 합이 같습니다. □ 안에 알맞은 분수를 써넣으세요.

01

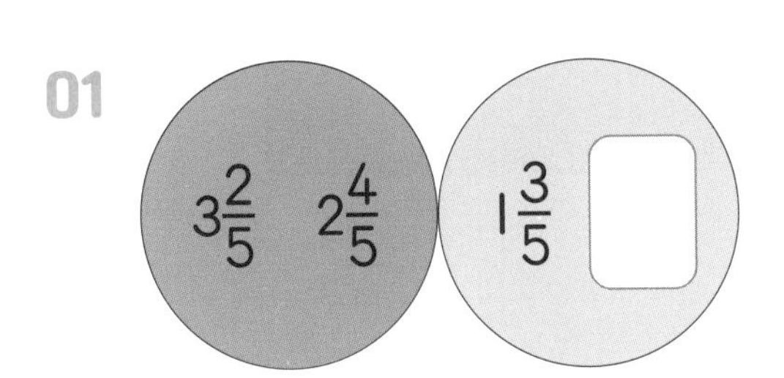

02

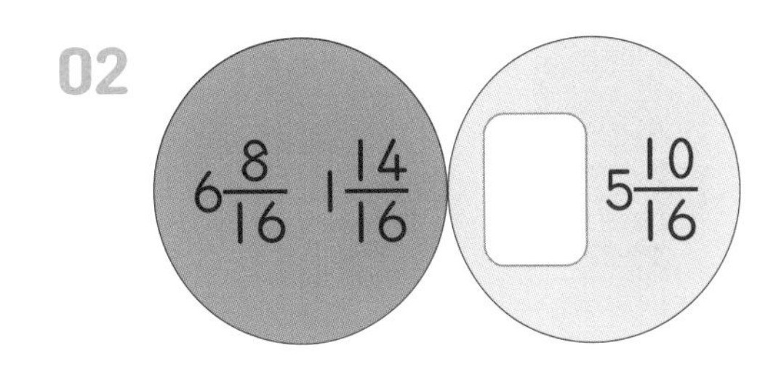

03

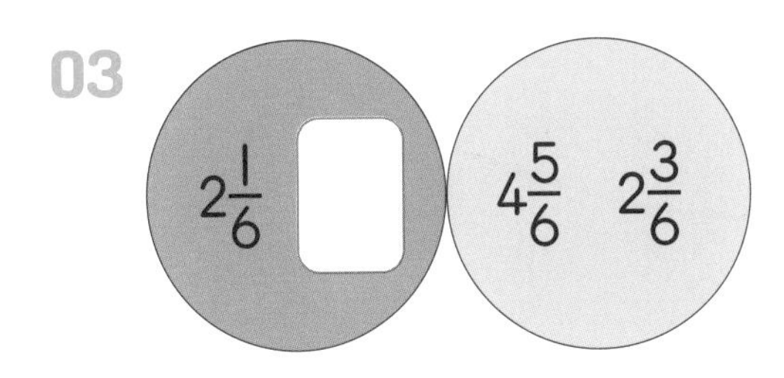

04

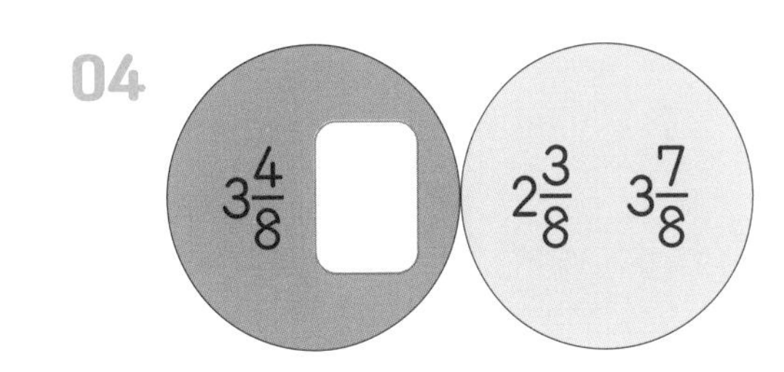

05

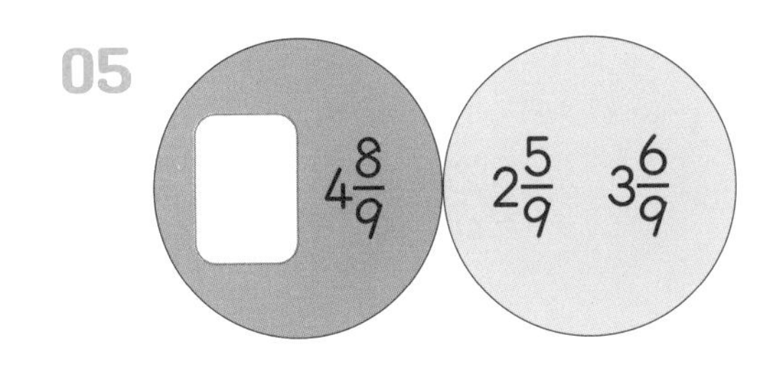

06

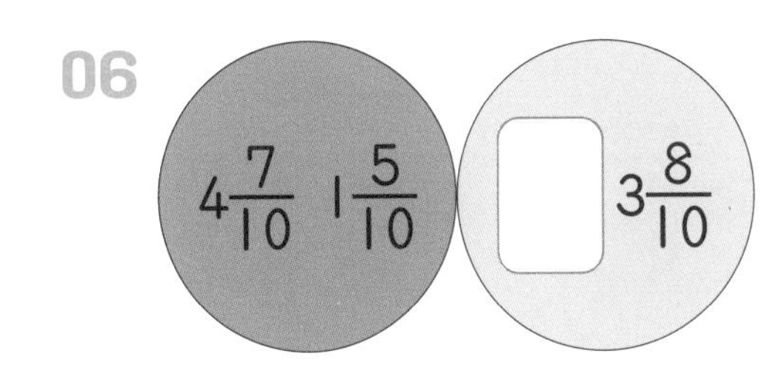

07

$1\frac{4}{7}$ $2\frac{4}{7}$ $1\frac{3}{7}$ □

08

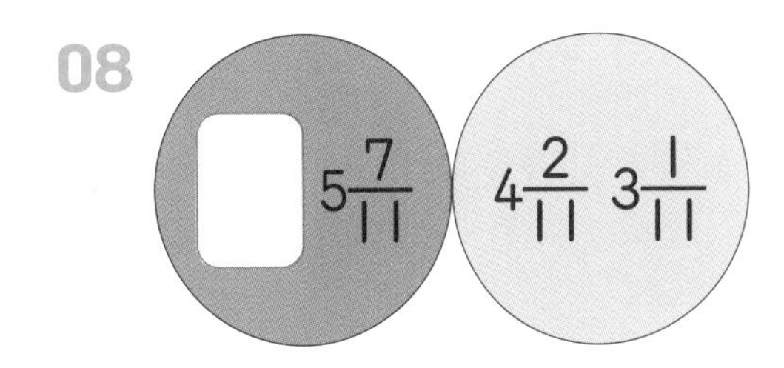

이런 문제를 다루어요

01 그림을 보고 □ 안에 알맞은 분수를 써넣으세요.

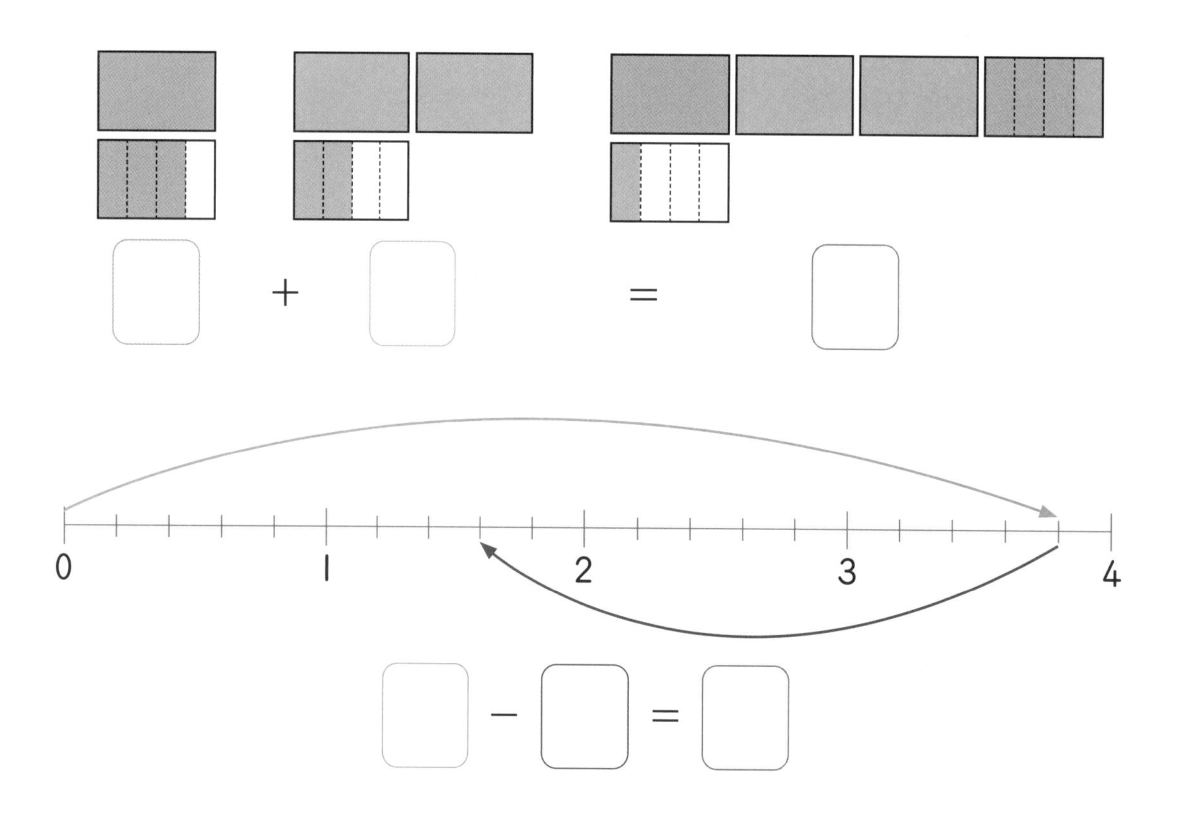

02 계산하세요.

$6\frac{3}{8}+\frac{6}{8}=$

$4\frac{2}{7}-1\frac{6}{7}=$

$5\frac{2}{9}-\frac{6}{9}=$

03 주영이가 우유를 어제는 $1\frac{4}{10}$ L, 오늘은 $\frac{8}{10}$ L만큼 마셨습니다. 주영이가 마신 우유는 모두 몇 L일까요?

식 : ____________________ 답 : __________ L

04 과자를 만드는 데 경수는 밀가루 $7\frac{2}{6}$ 컵, 은하는 밀가루 $4\frac{5}{6}$ 컵을 사용했습니다. 경수는 은하보다 밀가루를 얼마만큼 더 많이 사용했을까요?

식 : ____________________ 답 : ________ 컵

05 분수 카드 2장을 골라 합이 가장 큰 덧셈식을 만들고 계산하세요.

$3\frac{2}{9}$ $\frac{26}{9}$ $2\frac{6}{9}$

06 두 수를 골라 □ 안에 써넣어 계산 결과가 가장 작은 뺄셈식을 만들고 계산하세요.

2, 5, 6

$5\frac{\square}{11}-2\frac{\square}{11}$

07 다음 뺄셈식에서 ★+▲가 가장 클 때의 값을 구하세요.

$5\frac{★}{7}-4\frac{▲}{7}=1\frac{2}{7}$

180° 돌려도 같은 진분수

다음은 $\frac{3}{7}$을 180° 돌린 것으로 이 모양은 분수가 될 수 없습니다.

$$\frac{3}{7} \rightarrow$$

위와 같이 180° 돌렸을 때 수가 똑같은 진분수를 찾아보세요. 단, 분모는 1부터 9까지의 수 중 하나입니다.

1에서 9까지의 숫자를
180° 돌려서 관찰해 봐.

소수의 덧셈과 뺄셈

차시별로 정답률을 확인하고, 성취도에 O표 하세요.

80% 이상 맞혔어요. 60%~80% 맞혔어요. 60% 이하 맞혔어요.

차시	단원	성취도
11	소수의 이해	
12	소수 사이의 관계	
13	단위의 계산	
14	자릿수가 같은 소수의 덧셈과 뺄셈	
15	자릿수가 같은 소수의 덧셈과 뺄셈 연습	
16	자릿수가 다른 소수의 덧셈	
17	소수의 덧셈 연습	
18	자릿수가 다른 소수의 뺄셈	
19	소수의 뺄셈 연습	
20	소수의 덧셈과 뺄셈 연습	

1의 $\frac{1}{10}$은 0.1, $\frac{1}{100}$은 0.01입니다.

1 m 길이의 막대를 10 등분하면
한 막대의 길이는 0.1 m야.

1 m

0.1 m

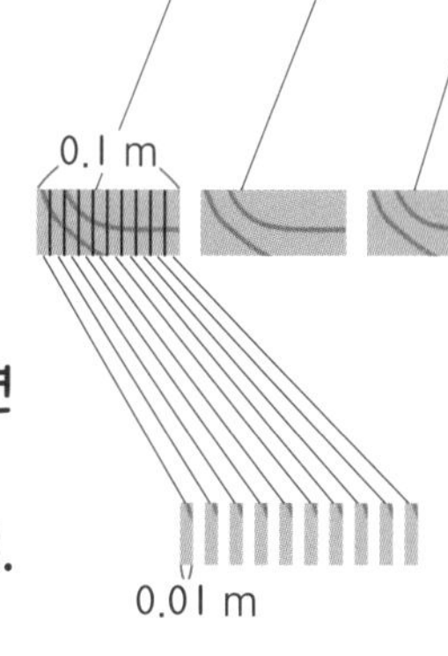

1 m 길이의 막대를 10 등분하면
막대의 길이는 0.01 m야.
m를 100 등분한 막대의 길이지.

1 m의 $\frac{1}{100}$은 0.01 m로 나타낼 수도 있지만
단위를 바꾸어 1 cm로 나타낼 수도 있어.

소수의 이해

11 A 분수와 소수의 관계를 알아봐요

소수의 각 자릿값과 분수는 다음과 같은 관계입니다.

$$\frac{1}{10}=0.1 \quad \frac{1}{100}=0.01 \quad \frac{1}{1000}=0.001$$

분모가 10, 100, 1000인 분수를 소수로 나타낼 수 있습니다.

① 분모의 0의 개수만큼 소수점 아래에 자리를 만듭니다. $\frac{27}{1000}=\;.\_\_\_$

② 분자를 소수의 가장 오른쪽 자리부터 차례로 씁니다. $\frac{27}{1000}=\;.\_27$

$\frac{1}{1000}$이 27개 0.001이 27개

③ 일의 자리와 소수점 아래 빈 자리에 0을 씁니다. $\frac{27}{1000}=0.027$

분수를 소수로 나타내세요.

0.027에서 2개의 0은 비어있음을 나타내.

01 $\frac{3}{10}=$

02 $\frac{17}{100}=$

03 $\frac{405}{1000}=$

04 $2\frac{6}{10}=$

05 $\frac{9}{100}=$

06 $8\frac{119}{1000}=$

07 $\frac{8}{10}=$

08 $3\frac{48}{100}=$

09 $\frac{56}{1000}=$

10 $3\frac{5}{10}=$

11 $8\frac{8}{100}=$

12 $5\frac{24}{1000}=$

분수는 소수로, 소수는 분수로 나타내세요.

$0.035=\frac{35}{1000}$

소수를 분수로 나타낼 때는
소수점 아래 자리의 개수만큼 0을 붙여서
제일 앞의 숫자가 1인 분모를 쓰고,
분자는 숫자를 순서대로 써.

01 $3.67=$

02 $\frac{61}{100}=$

03 $\frac{453}{1000}=$

04 $0.25=$

05 $\frac{5}{100}=$

06 $6\frac{29}{100}=$

07 $9.06=$

08 $5\frac{49}{1000}=$

09 $0.558=$

10 $\frac{4}{10}=$

11 $2.004=$

12 $8.28=$

13 $1\frac{8}{100}=$

14 $5.7=$

15 $\frac{707}{1000}=$

16 $1.024=$

17 $9\frac{415}{1000}=$

B 소수의 자릿값을 알아봐요

1.234는 1이 1개
0.1이 2개
0.01이 3개
0.001이 4개입니다.

또는, 1.234는 0.001이 1234개입니다.

120은 10이 12개인 것처럼
1.234는 0.1이 12개
0.001이 34개로 생각할 수도 있어.

□ 안에 알맞은 수를 써넣으세요.

01 3.67은 1이 □개
0.1이 □개
0.01이 □개입니다.

02 1.64는 1이 □개
0.1이 □개
0.01이 □개입니다.

03 2.914는 1이 □개
0.1이 □개
0.01이 □개
0.001이 □개입니다.

04 5.308은 1이 □개
0.1이 □개
0.01이 □개
0.001이 □개입니다.

05 6.72는 0.01이 □개입니다.

06 0.802는 0.001이 □개입니다.

0.1을 최대한 많이 세고, 0.001을 세어 나타내봐!

07 0.453은 0.1이 □개
0.001이 □개입니다.

08 1.085는 0.1이 □개
0.001이 □개입니다.

□ 안에 알맞은 수를 써넣으세요.

01 1이 2개
0.1이 5개
0.01이 0개
0.001이 1개인 수는 □ 입니다.

02 1이 0개
0.1이 3개
0.01이 7개인 수는 □ 입니다.

03 1이 6개
0.1이 1개
0.01이 4개
0.001이 6개인 수는 □ 입니다.

04 1이 2개
0.1이 0개
0.01이 9개인 수는 □ 입니다.

05 1이 0개
0.1이 9개
0.01이 2개인 수는 □ 입니다.

06 1이 6개
0.1이 1개
0.01이 6개인 수는 □ 입니다.

07 0.1이 24개
0.001이 3개인 수는 □ 입니다.

08 1이 2개
0.01이 83개인 수는 □ 입니다.

09 0.1이 4개
0.001이 65개인 수는 □ 입니다.

10 1이 3개
0.001이 237개인 수는 □ 입니다.

11 0.1이 15개
0.001이 81개인 수는 □ 입니다.

12 0.1이 26개
0.01이 9개인 수는 □ 입니다.

소수 사이의 관계

12 A 소수점의 이동으로 수가 커지고, 작아져요

어떤 수에 10, 100, 1000이나 $\frac{1}{10}$, $\frac{1}{100}$, $\frac{1}{1000}$을 곱할 때는 숫자는 변하지 않고 소수점만 이동합니다.

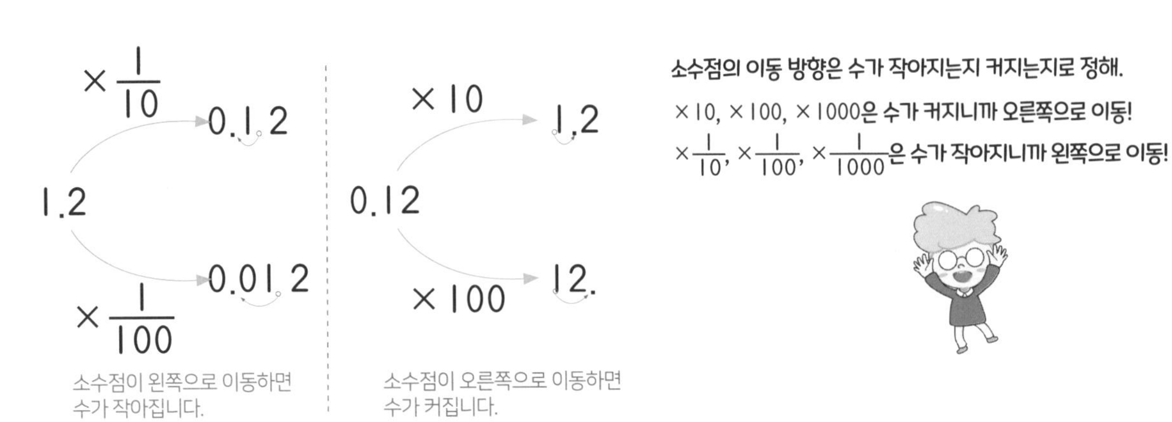

소수점의 이동 방향은 수가 작아지는지 커지는지로 정해.
× 10, × 100, × 1000은 수가 커지니까 오른쪽으로 이동!
× $\frac{1}{10}$, × $\frac{1}{100}$, × $\frac{1}{1000}$은 수가 작아지니까 왼쪽으로 이동!

계산하세요.

01 $3.45 \times 10 =$

02 $6.5 \times \frac{1}{100} =$

03 $12 \times \frac{1}{1000} =$

04 $88 \times \frac{1}{10} =$

05 $0.271 \times 100 =$

06 $12.307 \times 10 =$

07 $0.651 \times 1000 =$

08 $432 \times \frac{1}{1000} =$

09 $4.05 \times 100 =$

10 $954 \times \frac{1}{100} =$

11 $0.52 \times \frac{1}{10} =$

12 $3.29 \times 1000 =$

계산하세요.

$420\times\frac{1}{1000}=0.42\not{0}$

소수로 나타낼 때 가장 오른쪽에는 0이 오지 않도록 써야 해.

420에서 소수점을 3번 움직이면 0.420이지만 가장 오른쪽의 0을 제외하고 0.42라고 쓰면 돼!

01 $0.4\times\frac{1}{10}=$

02 $2.4\times10=$

03 $6.5\times100=$

04 $120\times\frac{1}{1000}=$

05 $50.05\times10=$

06 $4.8\times\frac{1}{100}=$

07 $9.04\times1000=$

08 $52.47\times\frac{1}{10}=$

09 $0.834\times1000=$

10 $6\times\frac{1}{1000}=$

11 $0.05\times100=$

12 $12.44\times100=$

13 $49\times\frac{1}{10}=$

14 $0.097\times10=$

15 $50\times\frac{1}{100}=$

16 $42.11\times1000=$

17 $51.6\times\frac{1}{100}=$

B 소수의 자릿값의 변화를 알아요

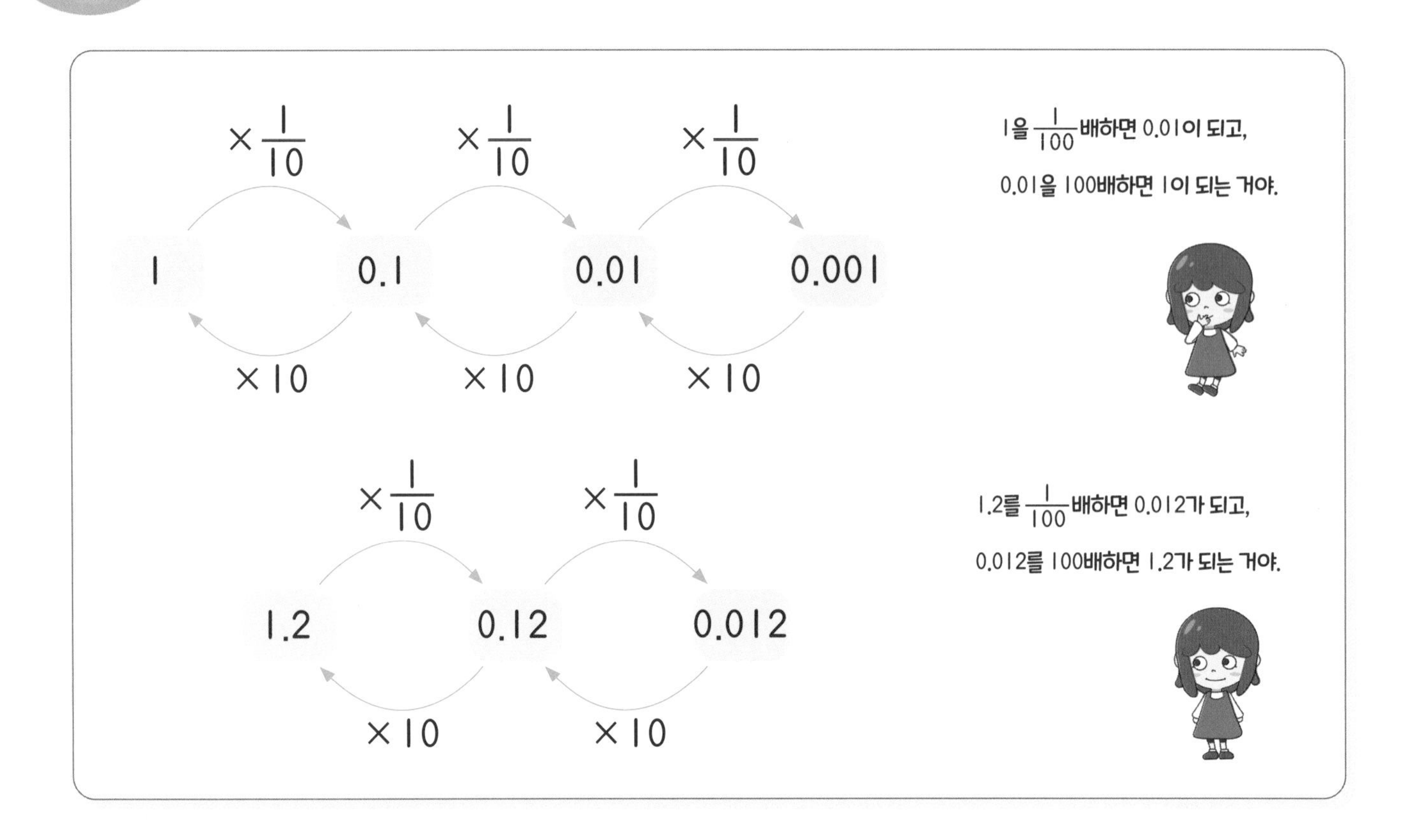

□ 안에 알맞은 수를 써넣으세요.

01 $5.03\times\square=50.3$

02 $0.025\times\square=2.5$

03 $4.27\times\square=0.427$

04 $22\times\square=0.022$

05 $0.91\times\square=910$

06 $9.6\times\square=0.96$

07 $8.5\times\square=0.085$

08 $2.475\times\square=247.5$

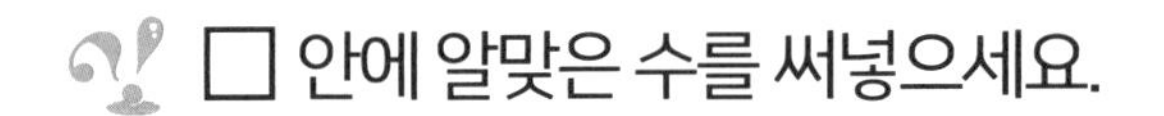

□ 안에 알맞은 수를 써넣으세요.

01 $5.05 \times \square = 50.5$

02 $48.65 \times \square = 4865$

03 $0.55 \times \square = 550$

04 $43.3 \times \square = 0.433$

05 $5605 \times \square = 56.05$

06 $7.24 \times \square = 0.724$

07 $0.06 \times \square = 0.6$

08 $28.99 \times \square = 2.899$

09 $12.47 \times \square = 1.247$

10 $28 \times \square = 0.028$

11 $0.095 \times \square = 95$

12 $4.047 \times \square = 40.47$

13 $10.09 \times \square = 100.9$

14 $9.601 \times \square = 960.1$

15 $811 \times \square = 0.811$

16 $0.4 \times \square = 0.004$

Ⓐ 길이의 단위를 바꿀 수 있어요

1 km=1000 m　　1 m=100 cm　　1 cm=10 mm

1 m=0.001 km　　1 cm=0.01 m　　1 mm=0.1 cm

1.3 km=1300 m
×1000

km를 m로 바꾸어 줄 때는 수를 1000배 해.
반대로 m를 km로 바꾸어 줄 때는 $\frac{1}{1000}$배 해.

□ 안에 알맞은 수를 써넣으세요.

4.5 cm=[0.045] m
×[$\frac{1}{100}$]

01 0.8 mm=□ cm
×□

02 16 mm=□ cm
×□

03 8.8 cm=□ mm
×□

04 1541 m=□ km
×□

05 1.6 m=□ cm
×□

06 4.9 m=□ cm
×□

07 410 cm=□ m
×□

08 1.5 km=□ m
×□

09 56 m=□ km
×□

10 0.4 km=□ m
×□

11 0.9 cm=□ mm
×□

공부한 날 : 월 일

□ 안에 알맞은 수를 써넣으세요.

01 4802 m=□ km
02 12 mm=□ cm
03 8 cm=□ m

04 7.1 cm=□ mm
05 0.6 cm=□ m
06 10.53 m=□ cm

07 4.7 m=□ cm
08 810 cm=□ m
09 0.8 cm=□ mm

10 27 mm=□ cm
11 0.06 km=□ m
12 630 m=□ km

13 48.4 cm=□ m
14 0.95 m=□ cm
15 57 m=□ km

16 3.5 km=□ m
17 2 mm=□ cm
18 0.8 km=□ m

19 24.3 cm=□ mm
20 4.7 m=□ cm
21 6005 m=□ km

13 단위의 계산

B 무게와 들이의 단위를 바꿀 수 있어요

○ 무게의 단위

1 kg=1000 g　　1 g=0.001 kg　　1 t=1000 kg　　1 kg=0.001 t

○ 들이의 단위

1 L=1000 mL　　1 mL=0.001 L

계산하는 방법은 길이와 같아. 단위를 바꾸어 주면서 수가 몇 배가 되어야 하는지 살펴봐.

□ 안에 알맞은 수를 써넣으세요.

2.7 L=[2700] mL　×[1000]

01 365 kg=□ t　×□

02 3.4 kg=□ g　×□

03 5339 g=□ kg　×□

04 4.1 t=□ kg　×□

05 7510 mL=□ L　×□

06 6.1 kg=□ g　×□

07 9.6 L=□ mL　×□

08 650 g=□ kg　×□

09 2048 kg=□ t　×□

10 0.9 t=□ kg　×□

11 465 mL=□ L　×□

□ 안에 알맞은 수를 써넣으세요.

01 2.5 kg= □ g

02 7706 g= □ kg

03 8.9 t= □ kg

04 408 kg= □ t

05 1.2 L= □ mL

06 656 mL= □ L

07 0.4 t= □ kg

08 0.97 kg= □ g

09 7.8 L= □ mL

10 40827 g= □ kg

11 42 mL= □ L

12 3.08 kg= □ g

13 6.094 L= □ mL

14 487 g= □ kg

15 4 kg= □ t

16 0.05 L= □ mL

17 6903 mL= □ L

18 7.45 t= □ kg

19 6050 kg= □ t

20 6.525 kg= □ g

21 6510 g= □ kg

Ⓐ 같은 자리끼리 더해요

소수의 덧셈은 같은 자리끼리 더합니다.

받아올림할 때 왼쪽 자리에 1을 써 주는건
자연수의 덧셈과 똑같네!

0.03+0.08=0.11

0.23+0.18=0.41

0.2+0.1=0.3

$$\begin{array}{r} 0.23 \\ +\,0.18 \\ \hline \end{array} \rightarrow \begin{array}{r} ^{1} \\ 0.23 \\ +\,0.18 \\ \hline 1 \end{array} \rightarrow \begin{array}{r} ^{1} \\ 0.23 \\ +\,0.18 \\ \hline 0.41 \end{array}$$

 계산하세요.

2.12+4.58=6.70처럼 가장 오른쪽에 0이 있으면
0을 제외하고 6.7이라고 써야 해!

01 0.53+1.75=

02 3.21+4.39=

03 4.048+3.726=

04 24.7+5.5=

05 8.7+6.5=

06 0.247+0.083=

07 $\begin{array}{r} 4.093 \\ +\,2.548 \\ \hline \end{array}$

08 $\begin{array}{r} 0.8 \\ +\,4.7 \\ \hline \end{array}$

09 $\begin{array}{r} 1.09 \\ +\,4.86 \\ \hline \end{array}$

10 $\begin{array}{r} 12.3 \\ +\quad 9.6 \\ \hline \end{array}$

11 $\begin{array}{r} 3.52 \\ +\,7.79 \\ \hline \end{array}$

12 $\begin{array}{r} 0.088 \\ +\,3.725 \\ \hline \end{array}$

계산하세요.

자연수의 덧셈과 마찬가지로
자리를 맞춰서 더해야 해.
물론 소수점을 찍는 것도 절대 잊지 말고!

01 $2.65+4.29=$

02 $6.102+3.917=$

03 $12.8+33.9=$

04 $3.694+1.895=$

05 $6.19+0.64=$

06 $8.12+5.63=$

07 $1.704+1.583=$

08 $0.2+22.8=$

09
$$\begin{array}{r} 3.21 \\ +\ 0.54 \\ \hline \end{array}$$

10
$$\begin{array}{r} 8.2 \\ +\ 0.9 \\ \hline \end{array}$$

11
$$\begin{array}{r} 1.069 \\ +\ 1.529 \\ \hline \end{array}$$

12
$$\begin{array}{r} 0.417 \\ +\ 5.228 \\ \hline \end{array}$$

13
$$\begin{array}{r} 12.44 \\ +\ \ \ 5.69 \\ \hline \end{array}$$

14
$$\begin{array}{r} 1.5 \\ +\ 6.5 \\ \hline \end{array}$$

같은 자리끼리 빼요

소수의 뺄셈은 같은 자리끼리 뺍니다.

받아내림할 때 왼쪽 자리에서 10을 빌려 오는 건 자연수의 뺄셈과 똑같네!

$0.12-0.07=0.05$

$0.42-0.17=0.25$

$0.3-0.1=0.2$

$$\begin{array}{r} 0.42 \\ -\,0.17 \\ \hline \end{array} \rightarrow \begin{array}{r} 0.\overset{3}{\cancel{4}}\overset{10}{2} \\ -\,0.17 \\ \hline 5 \end{array} \rightarrow \begin{array}{r} 0.\overset{3}{\cancel{4}}\overset{10}{2} \\ -\,0.17 \\ \hline 0.25 \end{array}$$

계산하세요.

6.53−2.13=4.40처럼 가장 오른쪽에 0이 있으면 0을 제외하고 4.4라고 써야 해!

01 $2.97-0.74=$

02 $4.7-2.8=$

03 $9.3-4.5=$

04 $5.06-3.56=$

05 $6.617-0.877=$

06 $9.832-7.483=$

07 $\begin{array}{r} 1.352 \\ -\,0.883 \\ \hline \end{array}$

08 $\begin{array}{r} 2.09 \\ -\,1.67 \\ \hline \end{array}$

09 $\begin{array}{r} 6.5 \\ -\,4.8 \\ \hline \end{array}$

10 $\begin{array}{r} 2.74 \\ -\,0.86 \\ \hline \end{array}$

11 $\begin{array}{r} 9.746 \\ -\,5.535 \\ \hline \end{array}$

12 $\begin{array}{r} 23.1 \\ -\,12.7 \\ \hline \end{array}$

자연수의 뺄셈과 마찬가지로
자리를 맞춰서 빼야 해.
물론 소수점을 찍는 것도 절대 잊지 말고!

계산하세요.

01 $5.5-2.8=$

02 $0.294-0.137=$

03 $5.26-1.75=$

04 $3.7-0.9=$

05 $16.02-11.93=$

06 $9.787-6.152=$

07 $8.618-6.748=$

08 $8.68-2.74=$

09
$$\begin{array}{r} 3.71 \\ -\ 1.84 \\ \hline \end{array}$$

10
$$\begin{array}{r} 0.549 \\ -\ 0.091 \\ \hline \end{array}$$

11
$$\begin{array}{r} 61.62 \\ -\ 7.07 \\ \hline \end{array}$$

12
$$\begin{array}{r} 2.584 \\ -\ 1.396 \\ \hline \end{array}$$

13
$$\begin{array}{r} 22.5 \\ -\ 13.2 \\ \hline \end{array}$$

14
$$\begin{array}{r} 10.5 \\ -\ 4.7 \\ \hline \end{array}$$

자릿수가 같은 소수의 덧셈과 뺄셈 연습

A 덧셈과 뺄셈을 잘 구분해서 계산해요

계산하세요.

01 $2.4+5.6=$

02 $12.3-7.7=$

03 $0.96-0.57=$

04 $3.06+7.08=$

05 $3.57+1.12=$

06 $7.661-3.456=$

07 $2.524-1.427=$

08 $5.1+0.4=$

09 $9.7-1.3=$

10 $8.45+4.93=$

11 $6.074+8.162=$

12 $43.68-12.53=$

13 $8.36-5.86=$

14 $1.915+2.706=$

공부한 날 : 월 일

⬭ 안에는 두 수의 합을 ⬭ 안에는 두 수의 차를 써넣으세요.

01

02

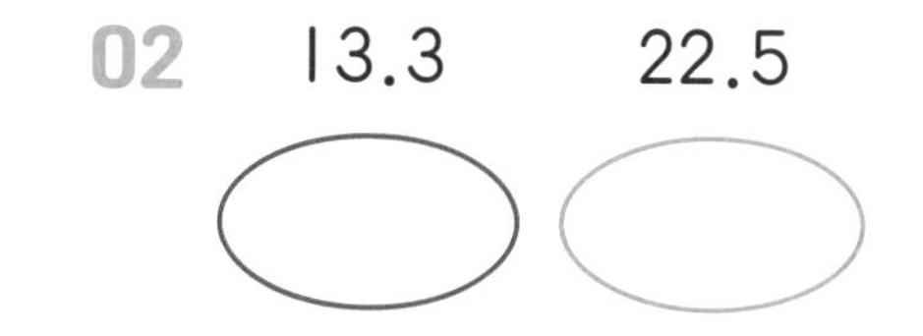

03

04

05

06

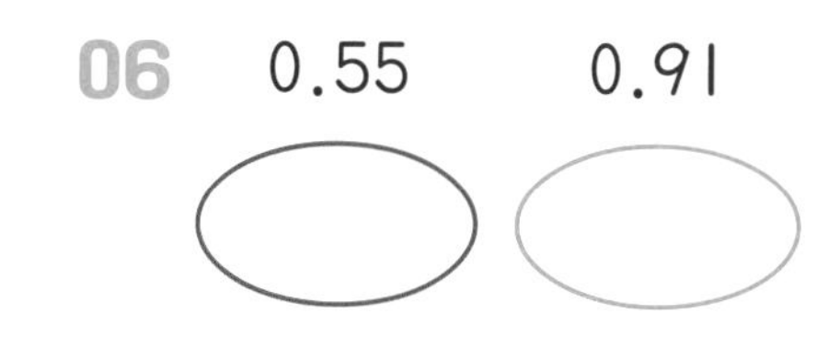

07 3.7 9.2

08

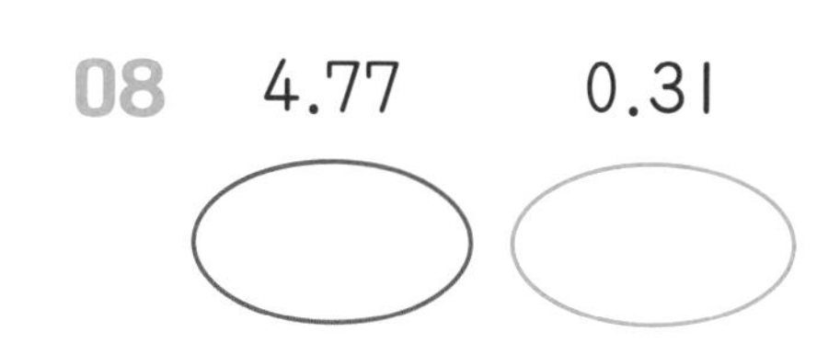

09 6.63 2.17

10 3.909 6.212

15 B 자릿수가 같은 소수의 덧셈과 뺄셈 연습

세 수의 덧셈, 뺄셈을 계산해요

계산하세요.

01 $5.6+8.6-3.7=$

02 $5.39-3.21+7.14=$

03 $0.309+0.376-0.552=$

04 $36.7-15.3+29.4=$

05 $9.16-2.43+0.23=$

06 $7.4+5.2-2.8=$

07 $0.146+9.456-1.546=$

08 $7.386-2.795+8.102=$

09 $9.1-6.7+2.5=$

10 $1.46+3.16-3.95=$

11 $4.34-0.47+9.72=$

12 $5.437+9.104-2.019=$

공부한 날 : 월 일

계산하세요.

01 $6.12+2.35-2.89=$

02 $3.115-0.734+5.357=$

03 $6.293-1.298+7.344=$

04 $9.187+6.541-1.129=$

05 $5.87+0.41-3.26=$

06 $0.7-0.6+0.5=$

07 $8.9+6.6-6.4=$

08 $8.4-1.2+3.3=$

09 $10.305-7.776+2.083=$

10 $1.14+8.55-7.34=$

11 $0.14+2.72-0.09=$

12 $4.4-2.3+3.6=$

16 A 자릿수가 다른 소수의 덧셈

소수점을 기준으로 같은 자리를 구분해요

더하는 두 소수의 자릿수가 다를 경우 소수점을 기준으로 자리를 구분하여 같은 자리끼리 더합니다. 이때 더한 수가 10이 넘으면 왼쪽 자리 숫자에 1을 더합니다.

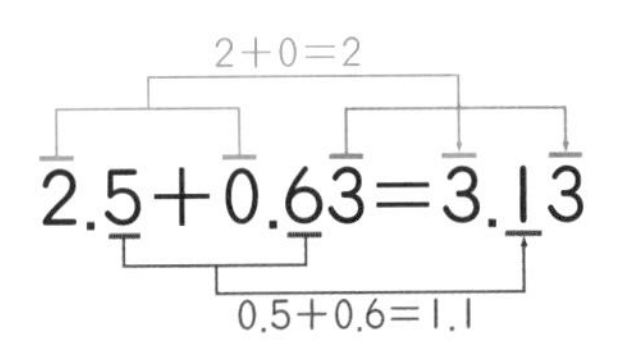

2+0=2이지만 소수 첫째 자리에서 받아올림 1이 있어서 3이 되었어.

계산하세요.

01 $0.96+0.7=$

02 $0.03+2.158=$

03 $0.5+2.17=$

04 $0.2+8.804=$

05 $0.02+5.967=$

06 $6.069+0.04=$

07 $7.593+0.6=$

08 $0.3+5.26=$

09 $2.688+0.3=$

10 $5.573+0.06=$

11 $0.8+4.012=$

12 $2.68+0.6=$

계산하세요.

01 $3.557+8.4=$

02 $0.37+0.145=$

03 $3.1+4.28=$

04 $1.7+6.99=$

05 $2.96+0.916=$

06 $7.14+5.1=$

07 $7.384+8.56=$

08 $6.4+0.57=$

09 $0.13+5.8=$

10 $9.3+7.945=$

11 $5.2+0.439=$

12 $0.926+0.69=$

13 $2.931+2.8=$

14 $0.81+0.4=$

16 B

자릿수가 다른 소수의 덧셈

세로셈으로 자리를 맞추어 더해요

더하는 두 소수의 자릿수가 다를 경우 소수점을 기준으로 자리를 맞춘 후, 같은 자리끼리 더합니다.

```
  0.2 3 4        0.2 3 4        0.2 3 4
+ 1.9 8 0  →   + 1.9 8 0  →   + 1.9 8 0
                     4              1 4

   0.2 3 4        0.2 3 4
→ + 1.9 8 0  →   + 1.9 8 0
    2 1 4          2.2 1 4
```

자리를 맞출 때는 비어 있는 곳에 0이 있다고 생각하면 돼.

자리를 맞추어 세로셈으로 바꾸어 계산하세요.

3.08+0.672

```
  3.0 8 0
+ 0.6 7 2
  3.7 5 2
```

01 6.59+9.2

```
  6.5 9
+  .
   .
```

02 2.8+4.45

```
  2.8
+  .
```

03 3.4+7.785

```
  3.4
+  .
```

04 0.844+8.2

```
  0.8 4 4
+  .
```

05 2.02+0.637

```
  2.0 2
+  .
```

06 6.702+0.36

```
  6.7 0 2
+  .
```

07 5.5+0.34

```
  5.5
+  .
```

08 2.309+0.5

```
  2.3 0 9
+  .
```

세로셈으로 바꾸어 계산하세요.

$1.76+12.5=14.26$

$$\begin{array}{r} 1.76 \\ +12.5 \\ \hline 14.26 \end{array}$$

복잡한 문제는 세로셈이 편리해.
소수점을 기준으로 자리를 맞춰서 세로셈으로 계산해 봐.

01 $0.37+0.145=$

02 $0.3+5.13=$

03 $3.651+0.93=$

04 $2.05+6.3=$

05 $4.4+5.497=$

06 $0.998+8.5=$

07 $2.26+9.1=$

08 $1.23+9.389=$

09 $2.95+2.1=$

10 $5.776+1.3=$

11 $4.6+3.79=$

12 $9.7+2.185=$

13 $2.606+4.79=$

17 A

소수의 덧셈 연습

간단하지 않다면 세로셈으로 고쳐서 계산해요

계산하세요.

01 $6.3+1.82=$

02 $1.227+3.54=$

03 $3.54+1.985=$

04 $70.43+6.9=$

05 $3.5+4.226=$

06 $6.653+6.3=$

07 $3.245+0.21=$

08 $6.1+4.69=$

09 $4.58+5.5=$

10 $4.13+0.96=$

11 $2.7+0.817=$

12 $4.85+7.632=$

13 $8.503+0.7=$

14 $2.743+8.51=$

공부한 날 : 월 일

두 수의 합을 구하세요.

01

02

03

04 4.19 1.724

05 9.267 7.7

06 0.26 9.4

07 9.6 2.17

08 8.04 6.545

09 4.45 3.451

10 4.6 2.388

11 3.3 6.028

12

2 PART

17 소수의 덧셈 연습

B 실수가 없도록 차근차근 풀어요

계산하세요.

01 $3.47+8.6=$

02 $1.2+5.749=$

03 $3.955+1.2=$

04 $5.36+5.08=$

05 $5.2+0.77=$

06 $6.084+0.53=$

07 $7.464+0.08=$

08 $7.18+2.635=$

09 $9.98+9.9=$

10 $2.9+4.19=$

11 $4.6+1.982=$

12 $2.167+3.964=$

13 $8.614+6.7=$

14 $0.48+6.039=$

□ 안에 알맞은 소수를 써넣으세요.

01

02

03
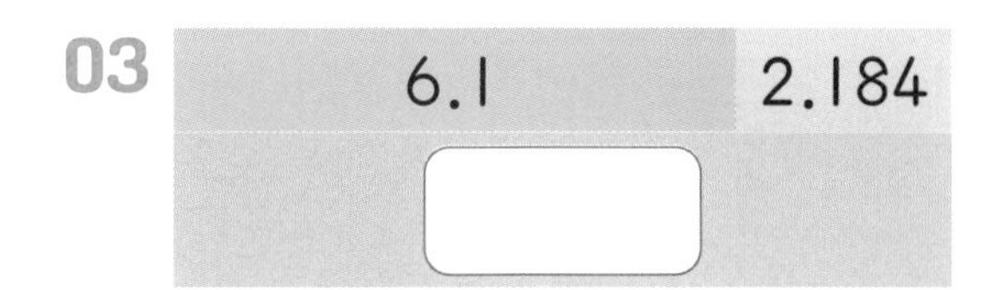

04
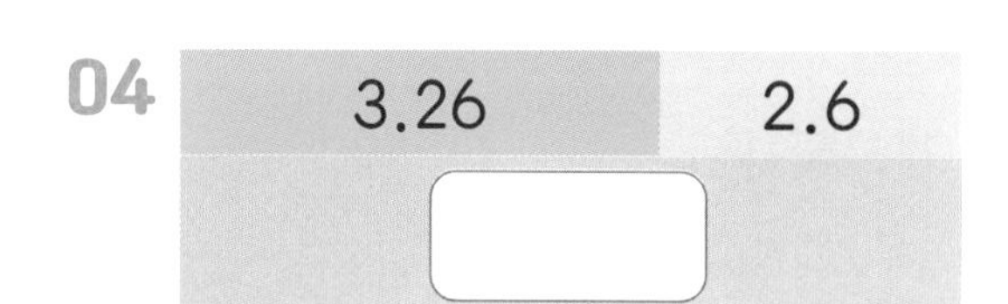

05

4.95	2.764
□	

06

07

5.77	7.6
□	

08
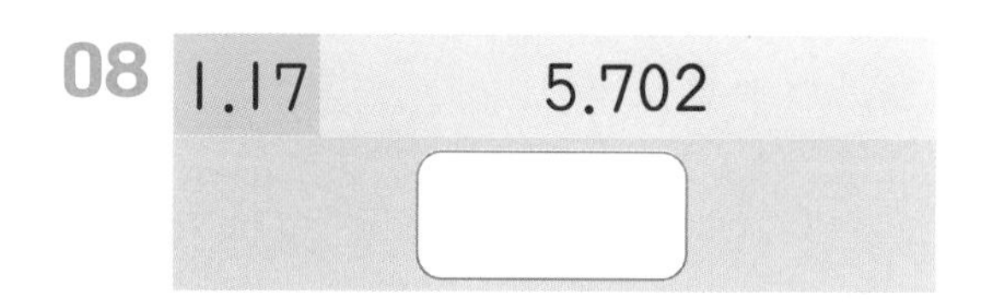

09

4.561	5.36
□	

10

11

6.724	3.8
□	

12
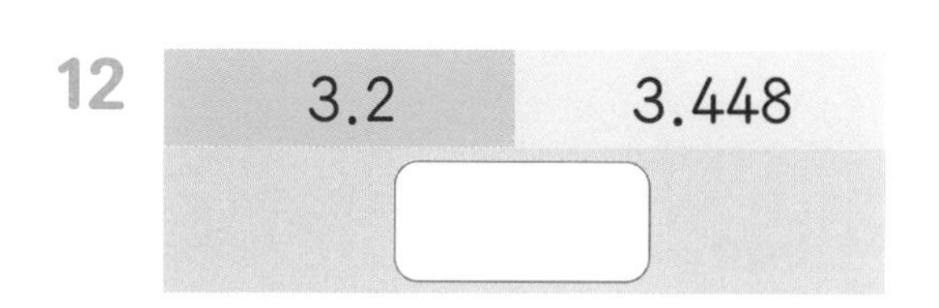

자릿수가 다른 소수의 뺄셈

18 A 같은 자리끼리 빼고, 뺄 수 없으면 왼쪽에서 10을 빌려요

소수의 뺄셈에서 자릿수가 다를 경우 소수점을 기준으로 자리를 구분하여 같은 자리끼리 뺍니다. 이때 뺄 수 없으면 왼쪽 자리에서 10을 빌려 옵니다.

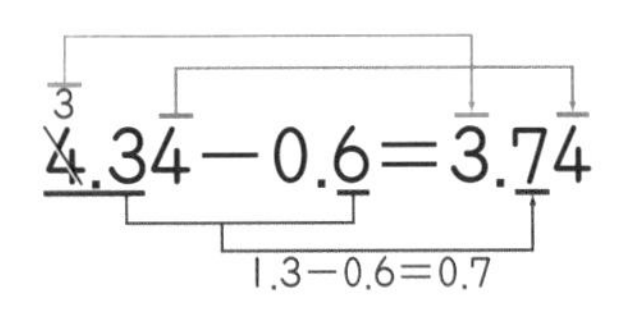

0.3에서 0.6을 뺄 수가 없어서 일의 자리에서 10을 빌려 와서 1.3에서 0.6을 뺐어.

계산하세요.

01 $1.532-0.07=$

02 $9.648-0.3=$

03 $3.63-0.4=$

04 $4.168-0.2=$

05 $4.16-0.8=$

06 $3.45-0.5=$

07 $9.03-0.6=$

08 $9.406-0.05=$

09 $1.904-0.02=$

10 $6.736-0.07=$

11 $0.799-0.5=$

12 $3.729-0.8=$

계산하세요.

01 $0.873-0.48=$

02 $9.98-1.4=$

03 $7.336-0.83=$

04 $4.29-0.2=$

05 $8.52-7.6=$

06 $4.329-0.18=$

07 $2.739-0.8=$

08 $4.061-0.3=$

09 $6.44-0.8=$

10 $4.598-1.7=$

11 $7.05-5.2=$

12 $2.764-0.22=$

13 $3.107-2.1=$

14 $3.16-1.9=$

18 B

자릿수가 다른 소수의 뺄셈

세로셈으로 자리를 맞추어 빼요

빼는 두 소수의 자릿수가 다를 경우 소수점을 기준으로 자리를 맞춘 후, 같은 자리끼리 뺍니다.

덧셈과 마찬가지로 자리를 맞춰 줄 때는 빈 곳에 0이 있다고 생각해.

$$\begin{array}{r} 1.305 \\ -\ 0.580 \\ \hline \end{array} \rightarrow \begin{array}{r} 1.305 \\ -\ 0.580 \\ \hline 5 \end{array} \rightarrow \begin{array}{r} 1.\overset{2}{3}\overset{10}{0}5 \\ -\ 0.580 \\ \hline 25 \end{array} \rightarrow \begin{array}{r} \overset{0}{1}.\overset{10}{\overset{2}{3}}\overset{10}{0}5 \\ -\ 0.580 \\ \hline 0.725 \end{array}$$

자리를 맞추어 세로셈으로 바꾸어 계산하세요.

0.42−0.174

$$\begin{array}{r} 0.\overset{3}{4}\overset{10}{\overset{1}{2}}\overset{10}{0} \\ -\ 0.174 \\ \hline 0.246 \end{array}$$

01 3.08−0.672

$$\begin{array}{r} 3.08 \\ -\ . \\ \hline . \end{array}$$

02 5.5−2.57

$$\begin{array}{r} 5.5 \\ -\ . \\ \hline \end{array}$$

03 3.91−1.446

$$\begin{array}{r} 3.91 \\ -\ . \\ \hline \end{array}$$

04 7.817−5.6

$$\begin{array}{r} 7.817 \\ -\ . \\ \hline \end{array}$$

05 2.4−0.491

$$\begin{array}{r} 2.4 \\ -\ . \\ \hline \end{array}$$

06 4.05−0.9

$$\begin{array}{r} 4.05 \\ -\ . \\ \hline \end{array}$$

07 3.793−0.67

$$\begin{array}{r} 3.793 \\ -\ . \\ \hline \end{array}$$

08 6.29−1.7

$$\begin{array}{r} 6.29 \\ -\ . \\ \hline \end{array}$$

세로셈으로 바꾸어 계산하세요.

$$4.27-0.4=3.87$$

$$\begin{array}{r} 4.27 \\ -\ 0.4 \\ \hline 3.87 \end{array}$$

세로셈으로 연습하자!!

01 $7.03-5.6=$

02 $4.473-2.3=$

03 $4.3-0.353=$

04 $4.9-3.04=$

05 $2.316-0.22=$

06 $5.06-1.664=$

07 $3.25-1.921=$

08 $0.7-0.429=$

09 $1.4-0.97=$

10 $6.508-1.9=$

11 $5.293-3.42=$

12 $3.22-1.8=$

13 $4.47-2.089=$

소수의 뺄셈 연습

19 A 세로셈 계산 방법은 빠르고 정확해요!!

계산하세요.

01 $0.873-0.48=$

02 $7.1-0.69=$

03 $9.22-7.623=$

04 $3.7-0.385=$

05 $9.61-2.25=$

06 $5.52-0.9=$

07 $8.807-1.9=$

08 $5.521-0.24=$

09 $6.5-3.336=$

10 $8.35-7.306=$

11 $6.49-2.7=$

12 $6.857-4.4=$

13 $8.6-6.18=$

14 $6.6-5.8=$

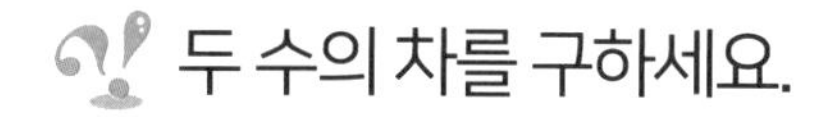

01

02 2.2 0.85

03 2.346 0.6

04 3.34 1.348

05 9.8 3.725

06

07 6.26 4.851

08

09 5.1 6.34

10

11 6.086 2.54

12

19 소수의 뺄셈 연습

B 실수가 없도록 연습해요

계산하세요.

01 $0.7-0.66=$

02 $0.88-0.59=$

03 $3.554-0.91=$

04 $4.78-1.8=$

05 $9.29-8.137=$

06 $7.9-0.15=$

07 $5.1-0.355=$

08 $9.749-7.086=$

09 $7.788-2.4=$

10 $5.4-1.735=$

11 $6.63-4.2=$

12 $9.815-4.6=$

13 $5.587-4.62=$

14 $3.54-0.949=$

□ 안에 알맞은 소수를 써넣으세요.

01

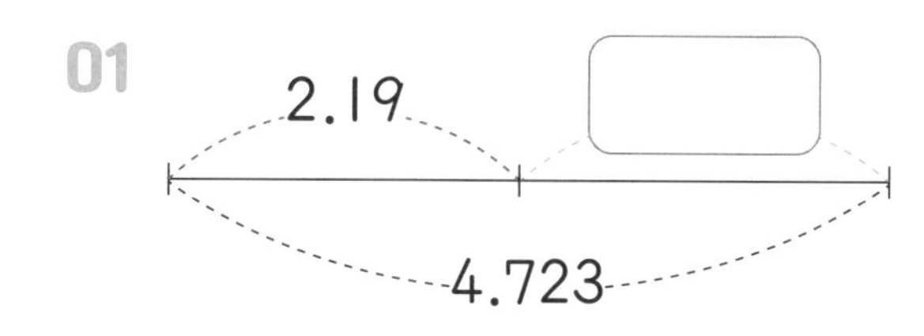

02

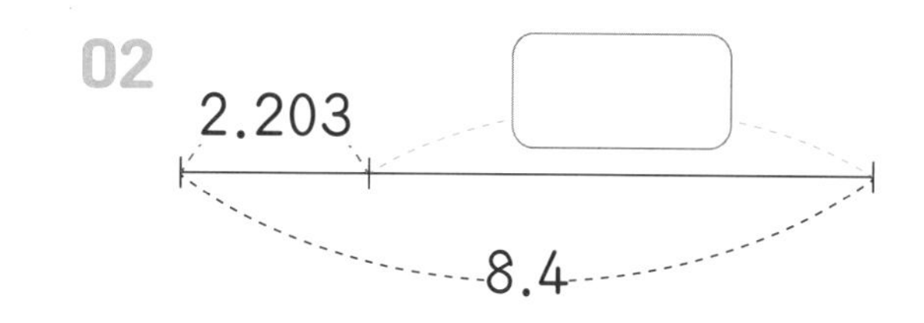

03

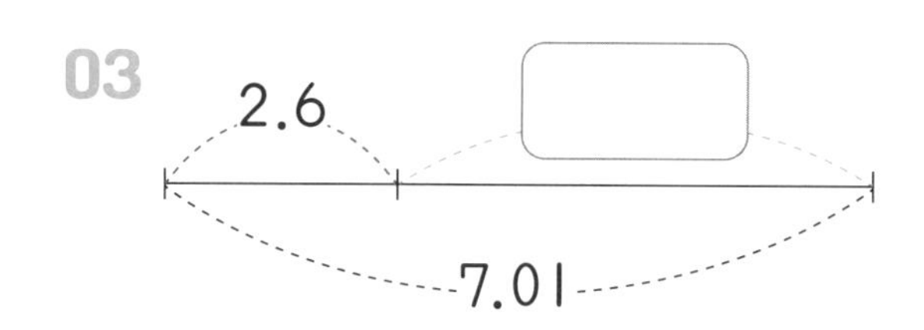

04

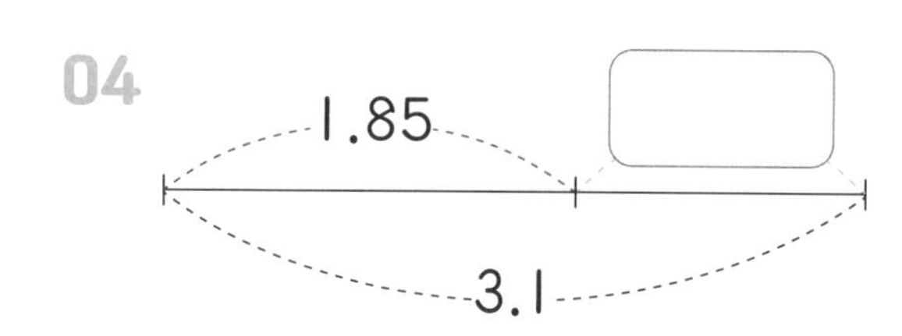

05

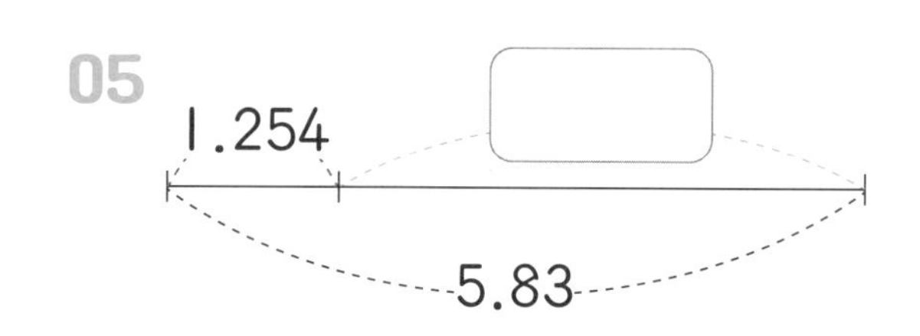

06

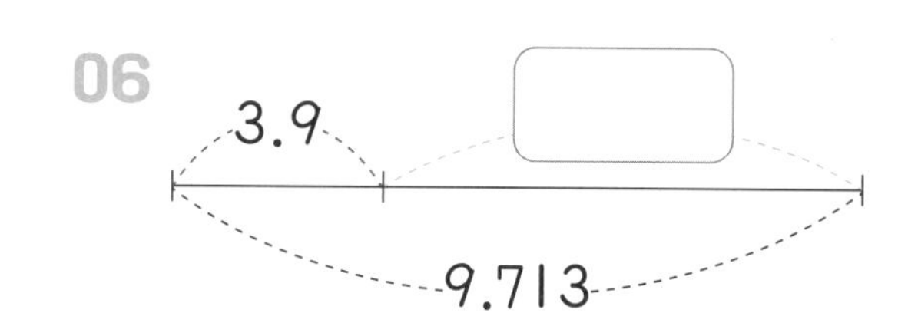

07

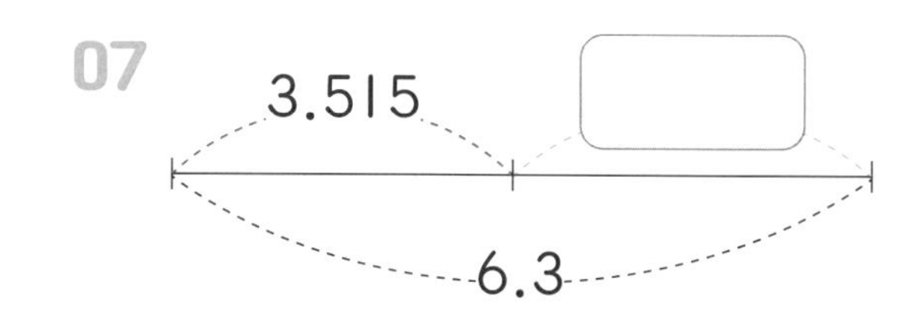

08

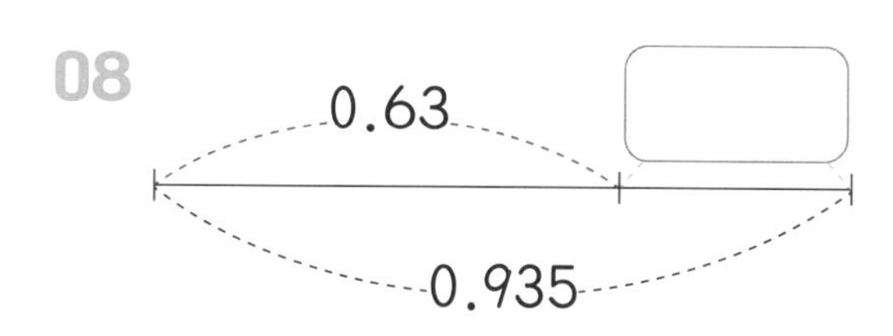

09

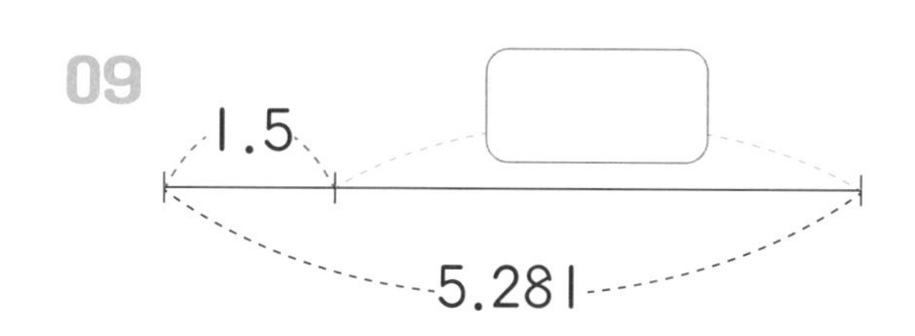

10

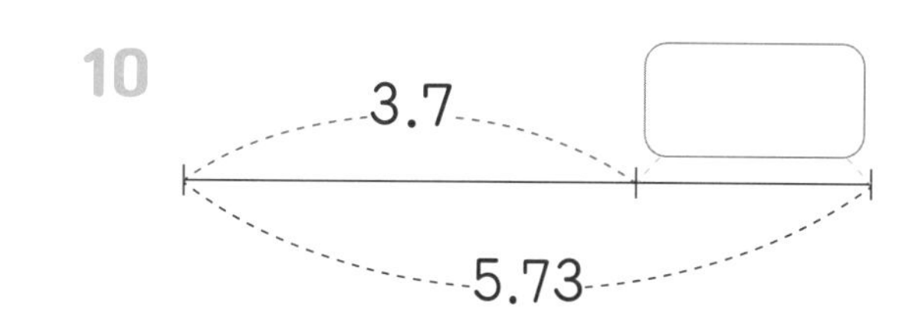

11

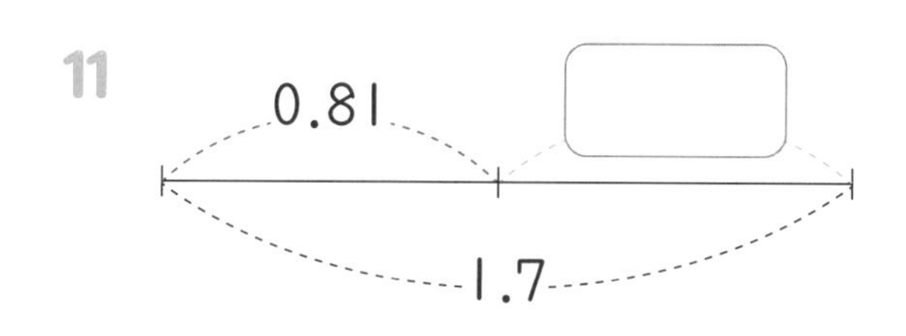

12

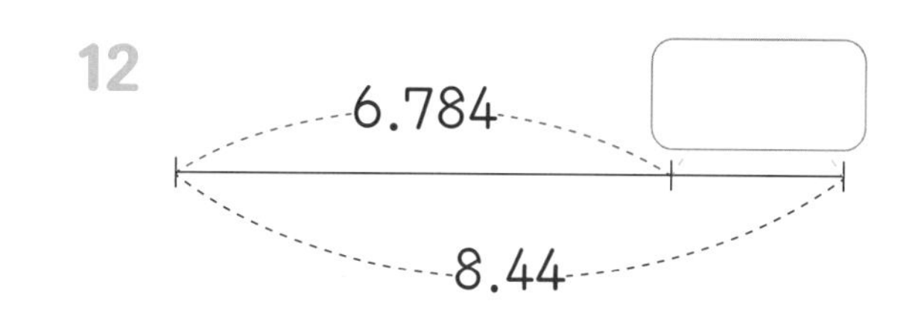

소수의 덧셈과 뺄셈 연습

20 A 두 소수의 덧셈과 뺄셈을 연습해요

계산하세요.

01 $5.1+4.83=$

02 $0.55-0.135=$

03 $0.517+0.81=$

04 $6.415-2.7=$

05 $2.5-0.405=$

06 $1.6+0.388=$

07 $9.232+2.5=$

08 $6.9-2.67=$

09 $6.52-3.8=$

10 $4.56+9.679=$

11 $2.259-0.504=$

12 $2.76+2.95=$

13 $8.177-2.14=$

14 $1.43+9.1=$

두 수의 합과 차를 구하세요.

01 | 0.297 0.12

합 : ________, 차 : ________

02 | 0.47 0.216

합 : ________, 차 : ________

03 | 6.37 7.245

합 : ________, 차 : ________

04 | 1.1 4.23

합 : ________, 차 : ________

05 | 9.131 2.7

합 : ________, 차 : ________

06 | 8.223 2.4

합 : ________, 차 : ________

07 | 5.1 4.233

합 : ________, 차 : ________

08 | 5.85 1.9

합 : ________, 차 : ________

09 | 3.09 2.251

합 : ________, 차 : ________

10 | 2.6 0.805

합 : ________, 차 : ________

이런 문제를 다루어요

01 □ 안에 알맞은 수를 써넣으세요.

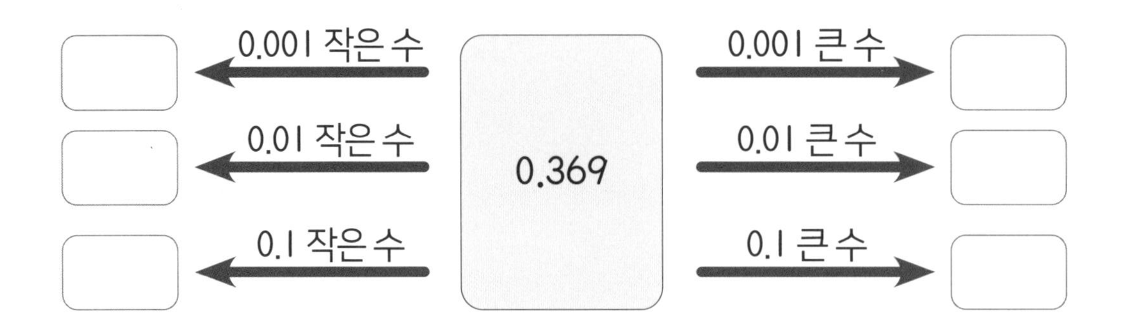

02 제시된 소수를 바르게 설명한 학생의 이름을 모두 쓰세요.

6.408

수민: 소수 셋째 자리 숫자는 8이야.

초희: 0.1이 640개, 0.001이 8개인 수야.

여령: 숫자 4는 0.4를 나타내.

지원: 10배 하면 64.80이 돼.

03 가장 큰 수와 가장 작은 수의 합과 차를 각각 구하세요.

1.37 1.52 1.7 1.243

합 : ________, 차 : ________

04 계산 결과가 같은 것끼리 이으세요.

2.6+0.8 •	• 1.1+0.7
2.2−0.4 •	• 5.6−2.4
0.9+2.3 •	• 4.7−1.3

05 □ 안에 알맞은 수를 써넣으세요.

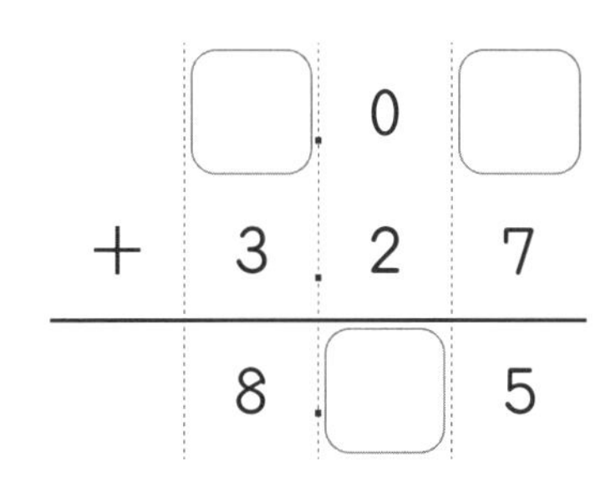


```
    6 . □
−   □ . 4 3
-----------
    4 . 0 □
```

06 아버지, 어머니와 성재는 모두 12.4 kg 만큼의 사과를 땄습니다. 아버지는 5.27 kg, 어머니는 3.4kg의 사과를 땄을 때, 성재가 딴 사과의 무게는 몇 kg일까요?

식 : ________________ 답 : ________ kg

07 테이프가 2.3 m만큼 있었습니다. 그중 1.04 m를 포장하는 데 사용하였고, 1.5 m를 다시 샀습니다. 지금 가진 테이프는 모두 몇 m일까요?

식 : ________________ 답 : ________ m

Quiz Part 2 Quiz

같은 색을 연결하는 선

같은 색깔의 공끼리 선으로 이으세요. 단, 선과 선이 만나면 안 되고 선이 상자 밖으로 나가서도 안 됩니다.

다각형의 변과 각

차시별로 정답률을 확인하고, 성취도에 O표 하세요.

80% 이상 맞혔어요. 60% ~ 80% 맞혔어요. 60% 이하 맞혔어요.

차시	단원	성취도
21	이등변삼각형과 정삼각형	
22	수직과 평행	
23	사다리꼴과 평행사변형	
24	마름모와 직사각형	
25	다각형의 각 구하기 연습 1	
26	다각형의 각 구하기 연습 2	

도형이 가지고 있는 성질을 알아야 도형의 변의 길이와 각의 크기를 구할 수 있습니다.

A 이등변삼각형의 성질로 변의 길이와 각도를 구해요

색종이를 반으로 접었다가 잘라서 이등변삼각형을 만들 수 있습니다.

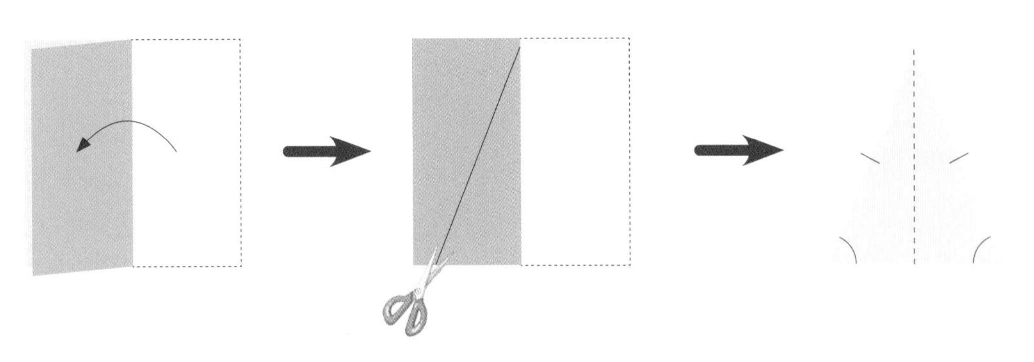

이등변삼각형은 두 변의 길이가 같은 삼각형입니다.

이등변삼각형은 반으로 접으면 겹쳐지므로
길이가 같은 두 변에 있는 두 각의 크기가 같아.

[보기]와 같이 이등변삼각형에서 길이가 같은 두 변과 크기가 같은 두 각을 표시하세요.

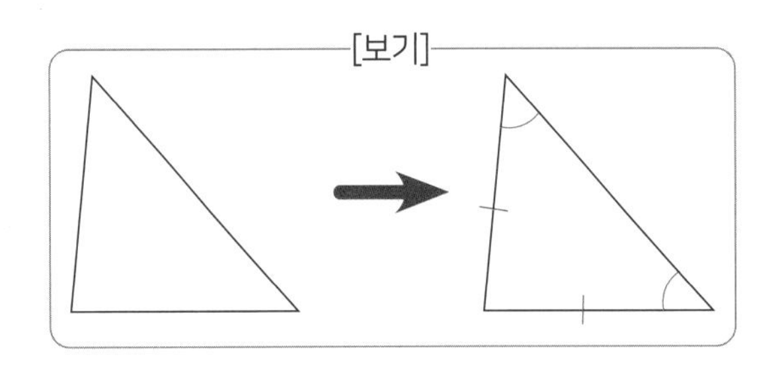

01

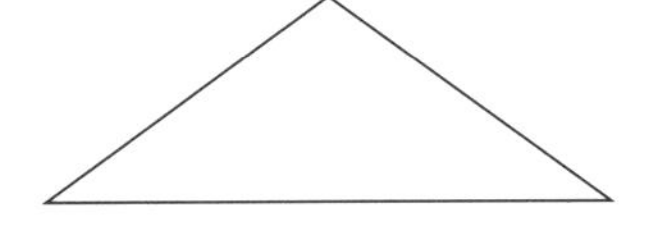

02

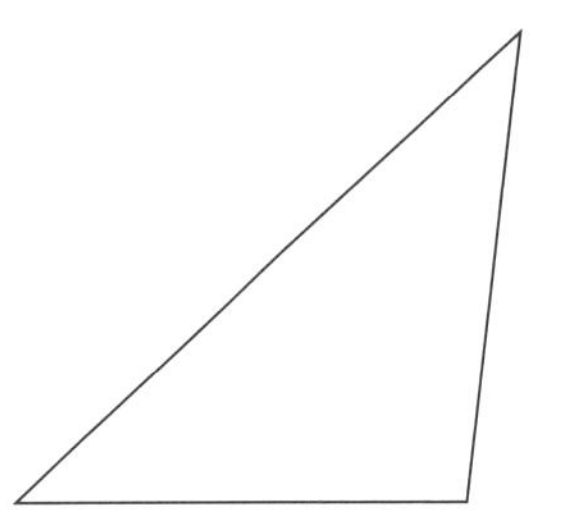

03

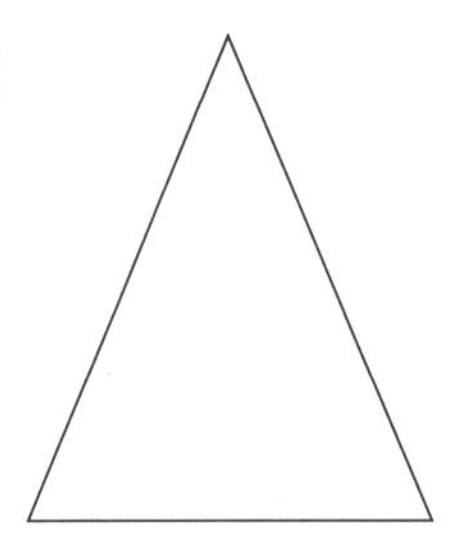

04

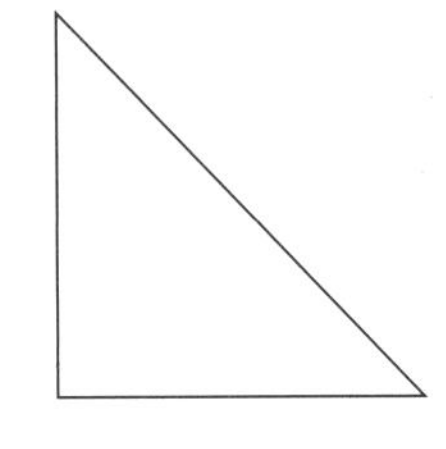

05

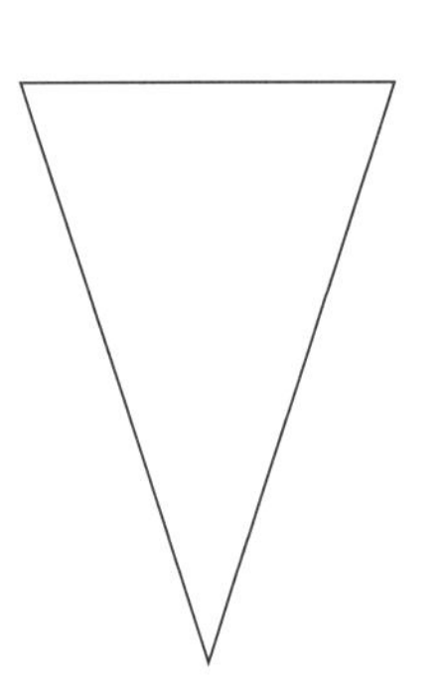

06

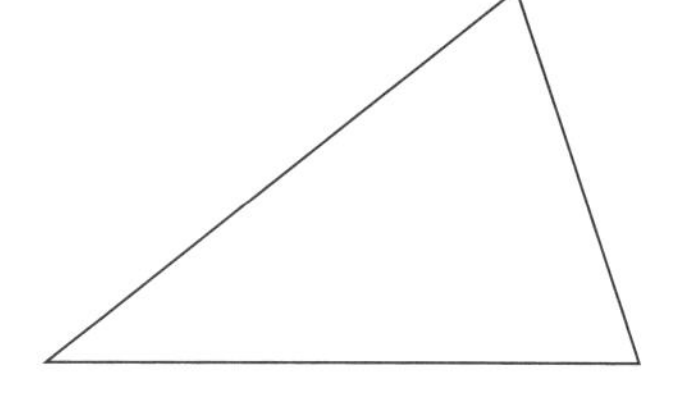

□ 안에 알맞은 수를 써넣으세요.

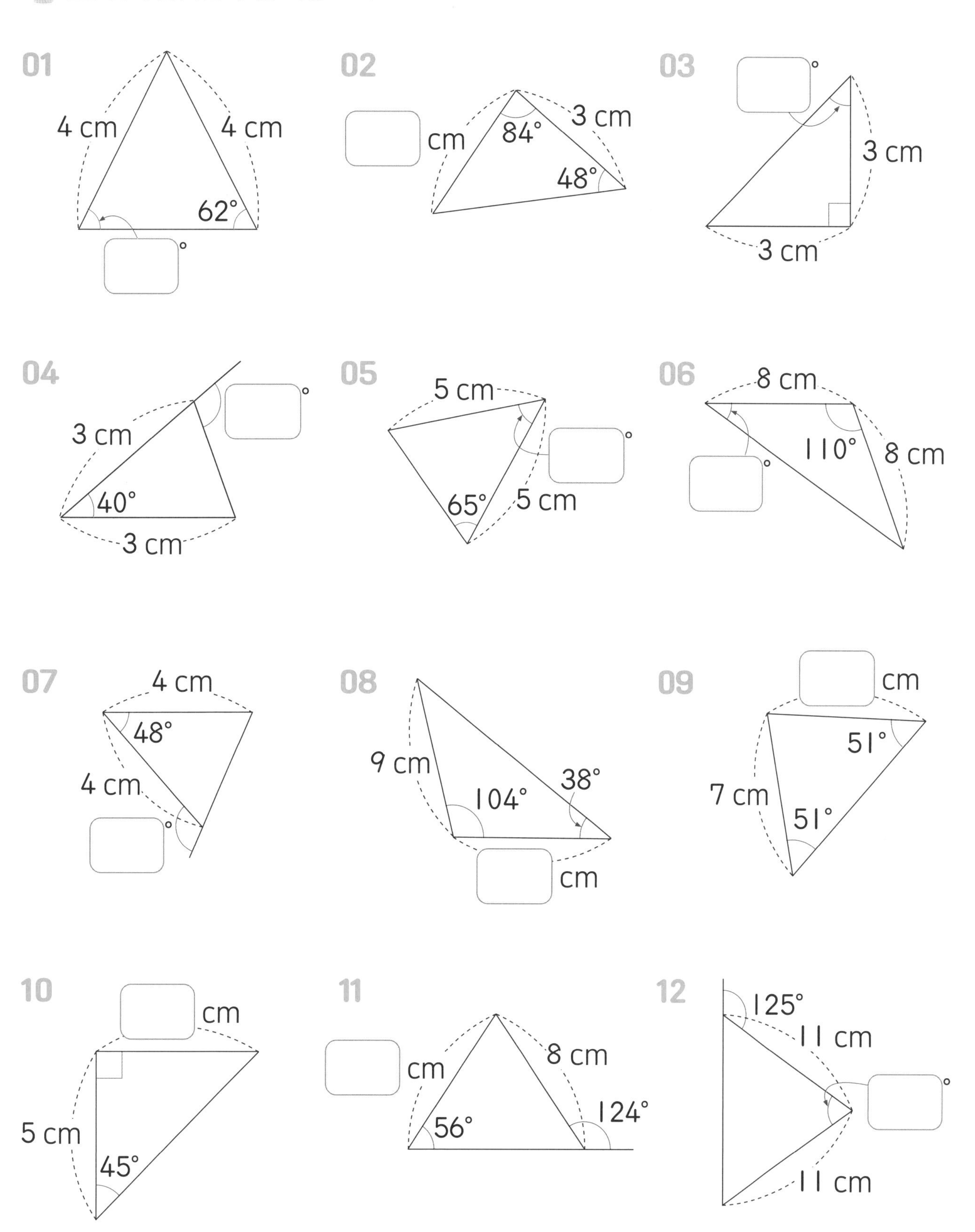

이등변삼각형과 정삼각형

21 B 정삼각형과 이등변삼각형의 성질로 변의 길이와 각도를 구해요

색종이를 접어서 아랫변과 길이가 같은 점을 찾아서 정삼각형을 그릴 수 있습니다.

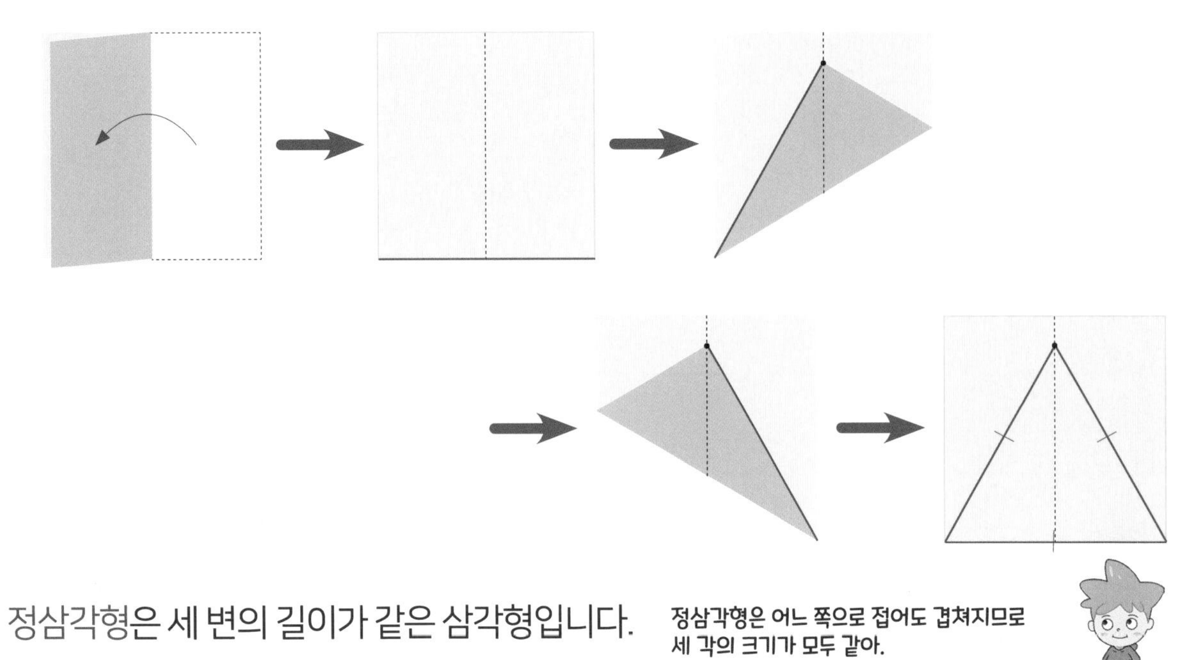

정삼각형은 세 변의 길이가 같은 삼각형입니다.

정삼각형은 어느 쪽으로 접어도 겹쳐지므로 세 각의 크기가 모두 같아.

주어진 선분을 한 변으로 하는 정삼각형을 그리세요.

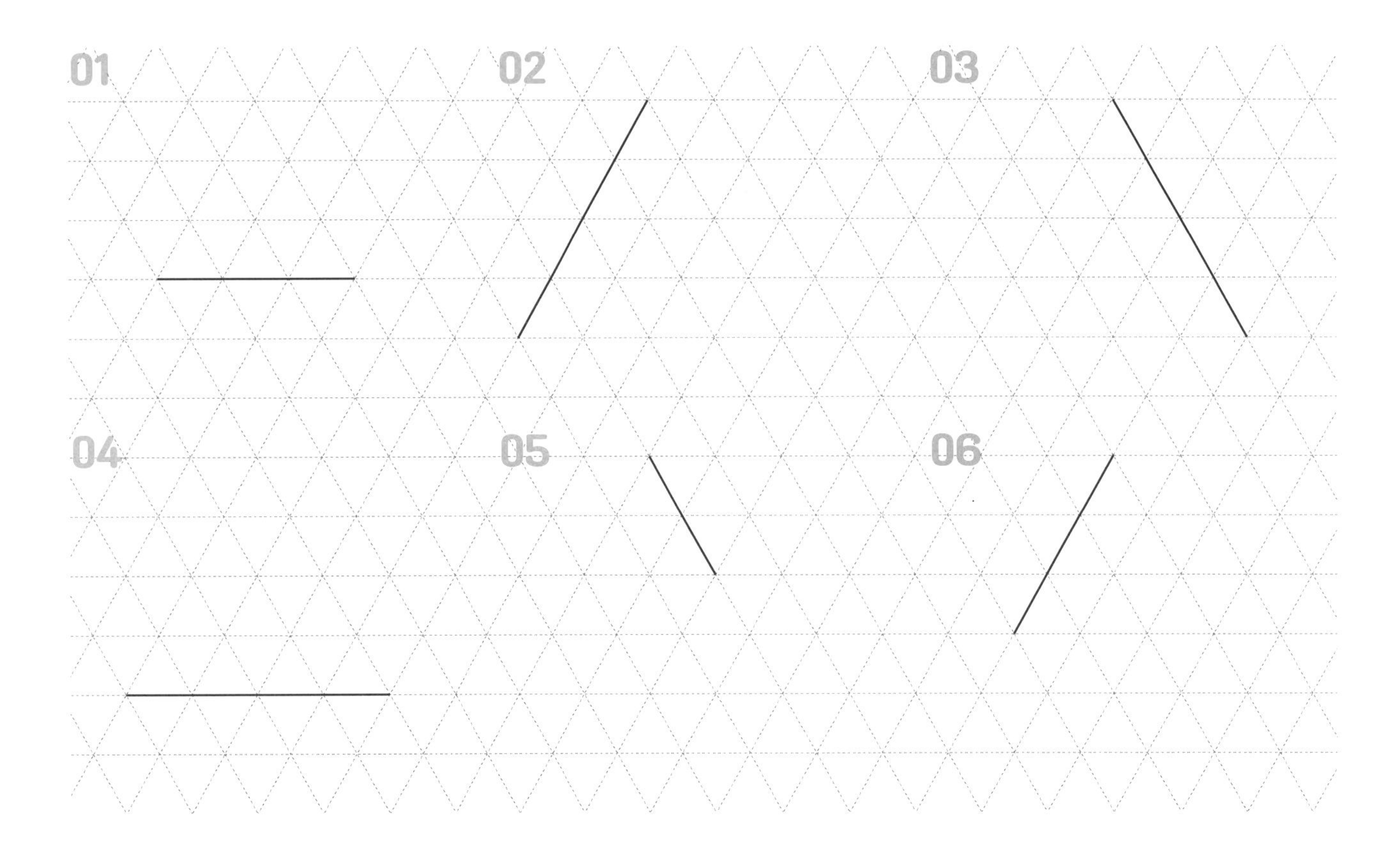

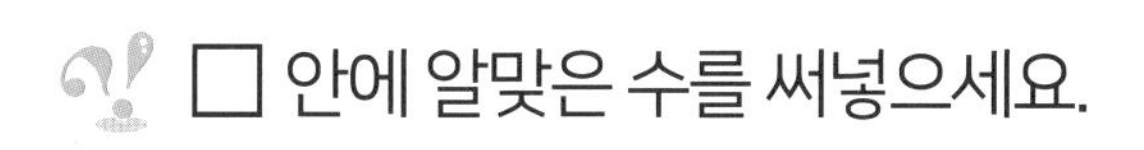

□ 안에 알맞은 수를 써넣으세요.

변에 그린 선의 개수가 같은 변끼리 길이가 같아.

01

130°

02

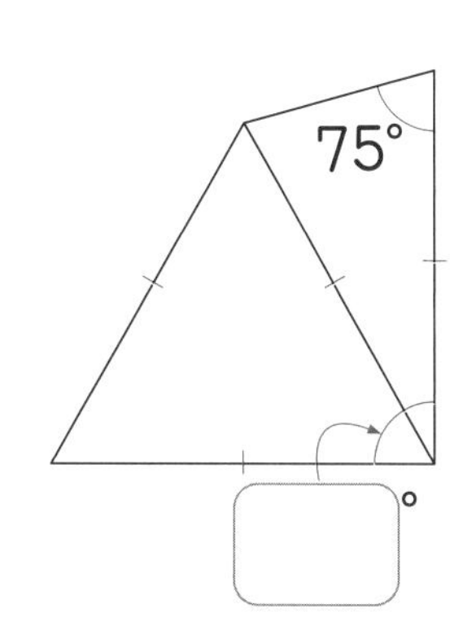

03

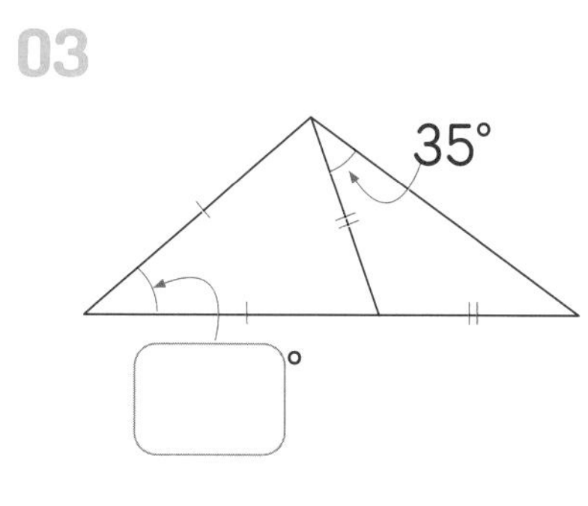

04

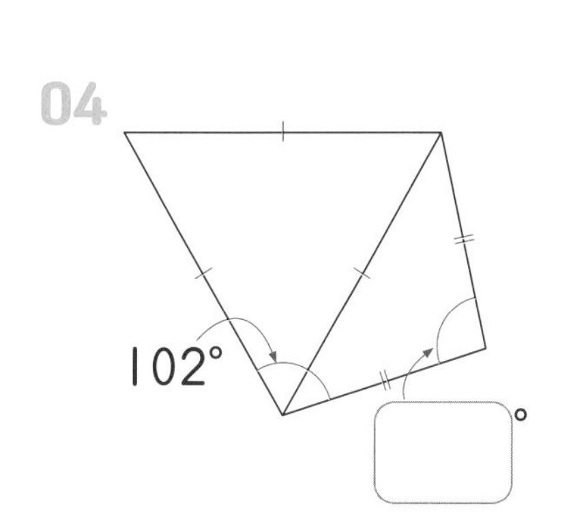

05

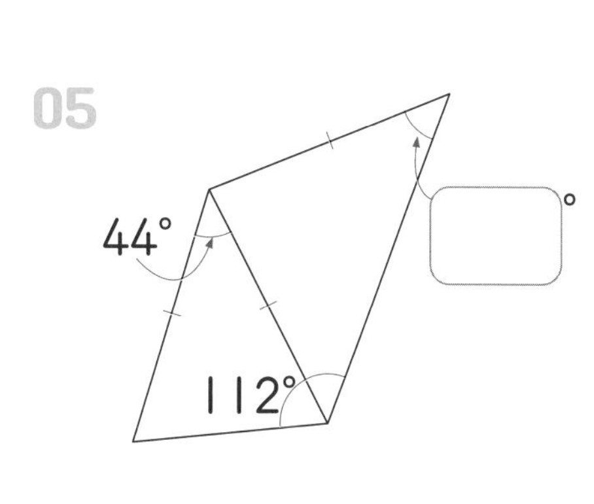

06

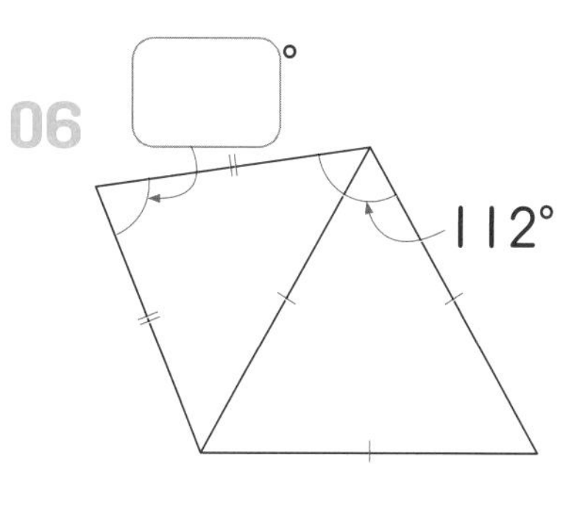

07

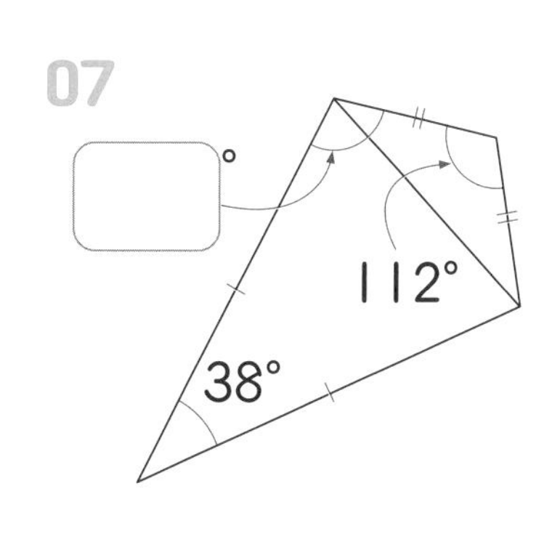

08

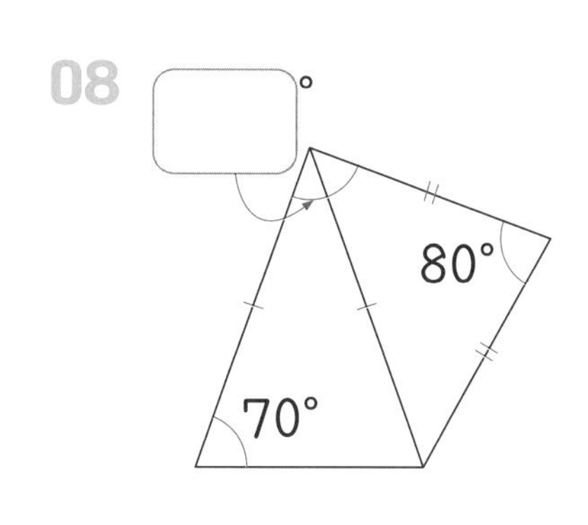

09

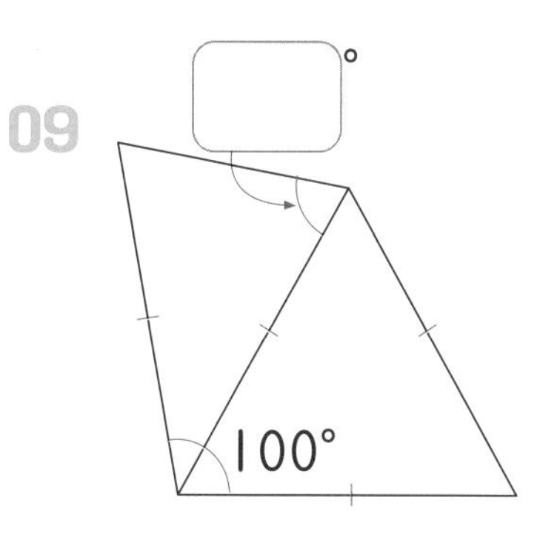

10

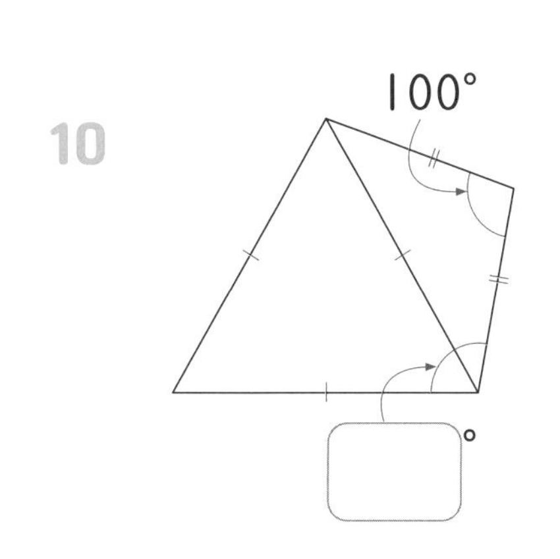

11

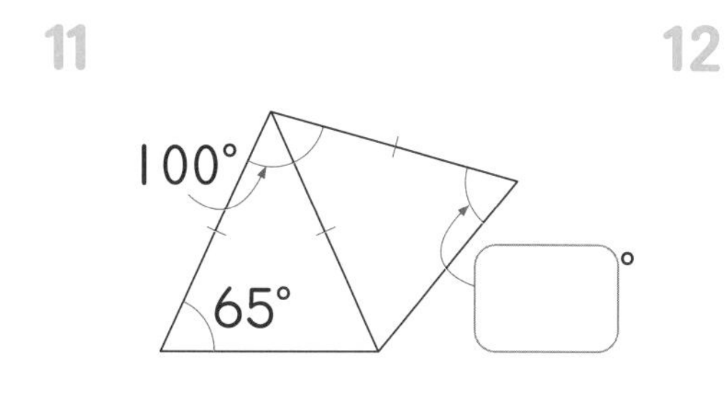

12

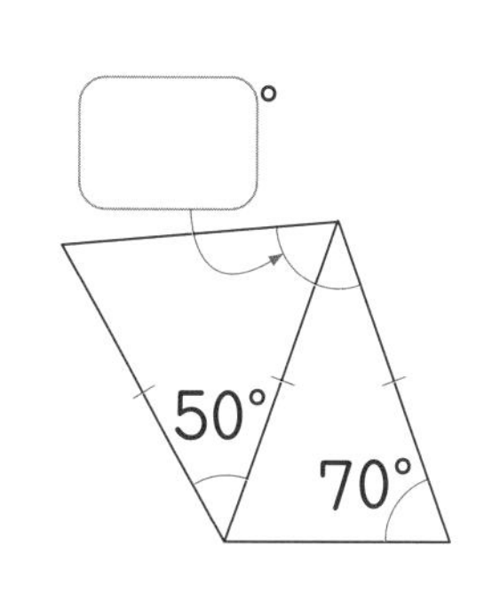

3 PART

수직과 평행

22 A 수직과 수선을 알고 수직과 관련된 각을 계산할 수 있어요

두 직선이 만나는 각이 직각일 때, 두 직선을 서로 수직이라고 합니다.
두 직선이 서로 수직으로 만날 때, 한 직선을 다른 직선에 대한 수선이라고 합니다.

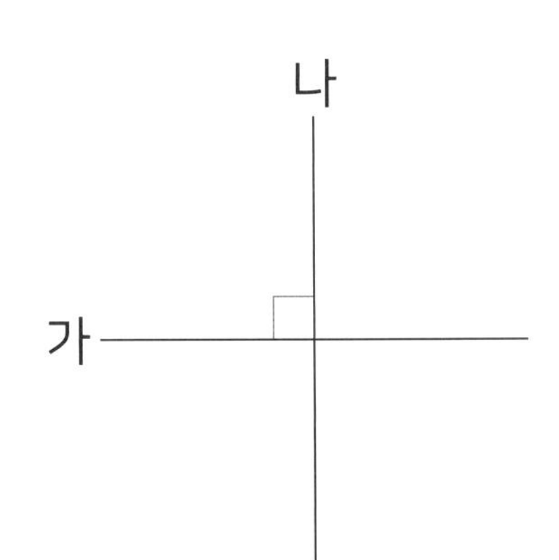

· 직선 가와 직선 나는 서로 수직입니다.

· 직선 가는 직선 나의 수선입니다.

· 직선 나는 직선 가의 수선입니다.

직선 위의 점을 지나는 직선의 수선을 그리세요.

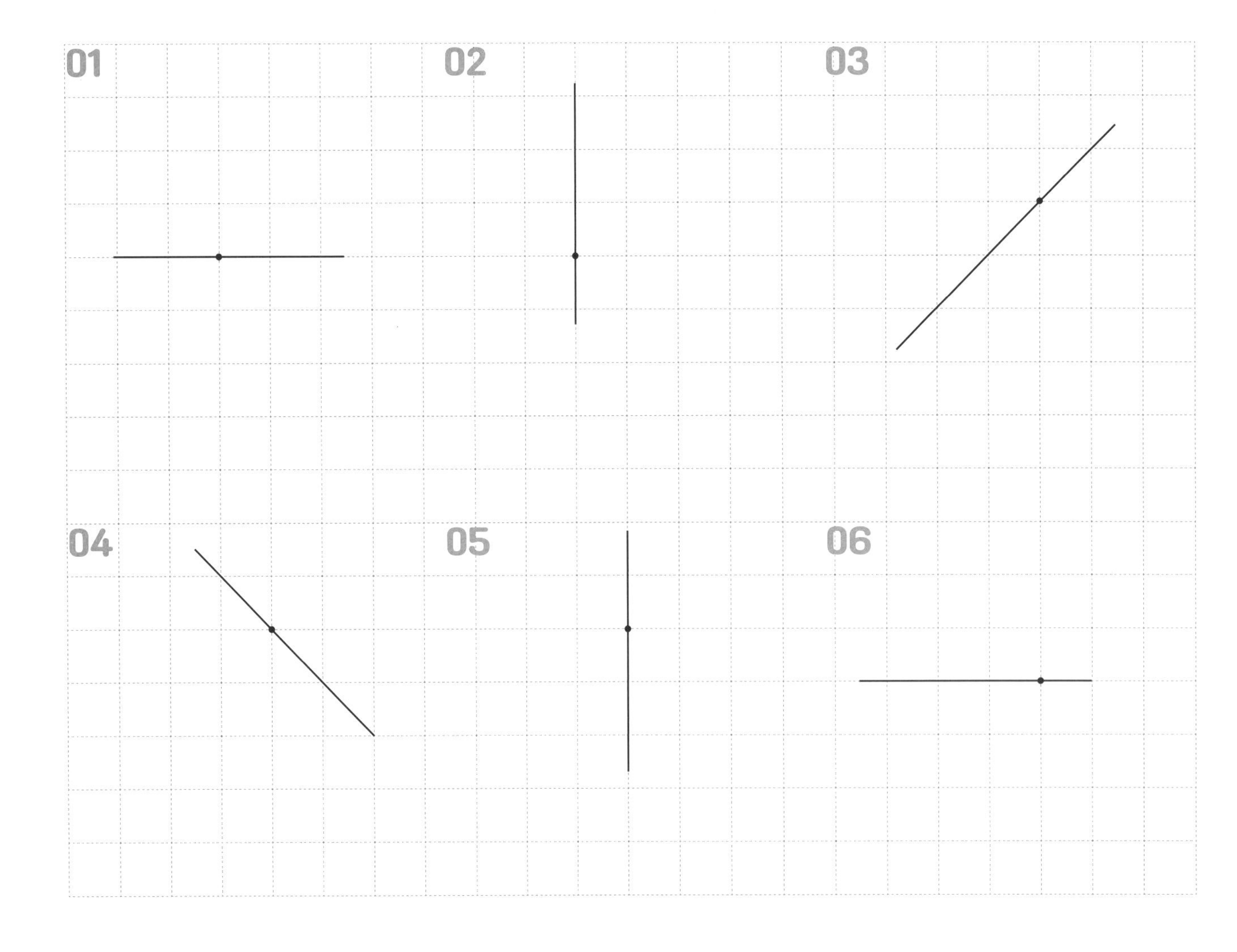

직선 가와 직선 나가 서로 수직일 때, □ 안에 알맞은 수를 써넣으세요.

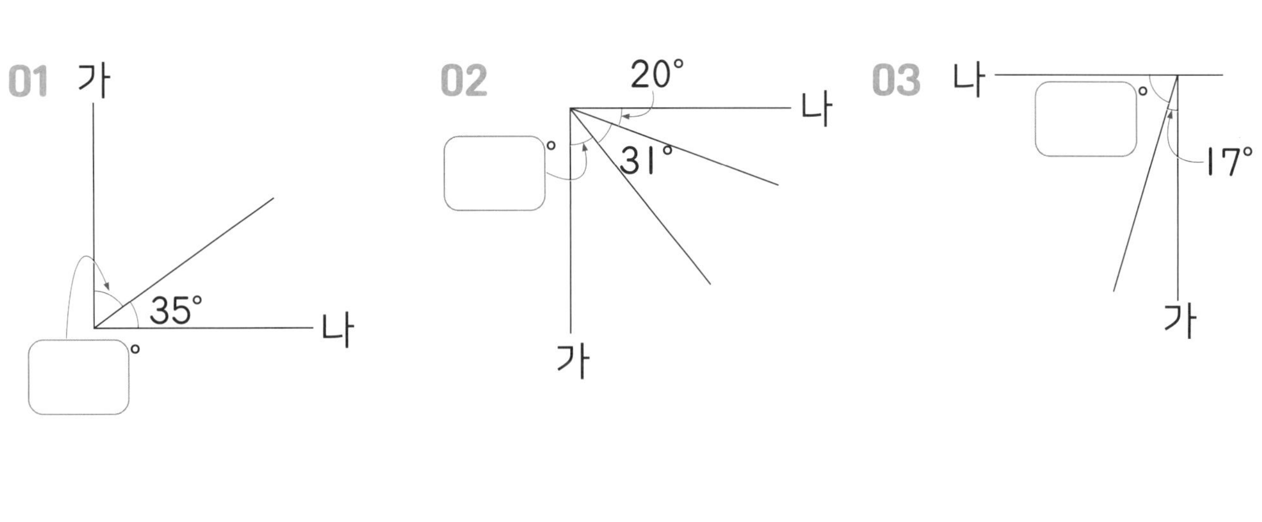

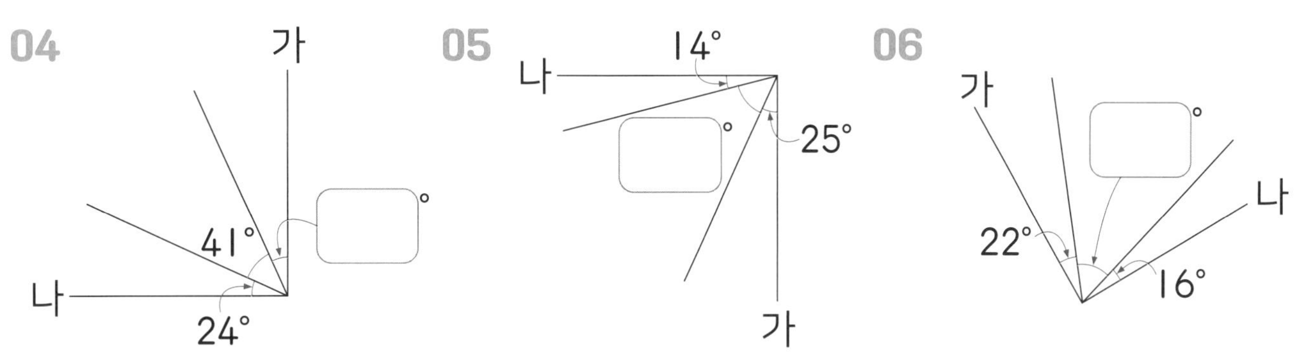

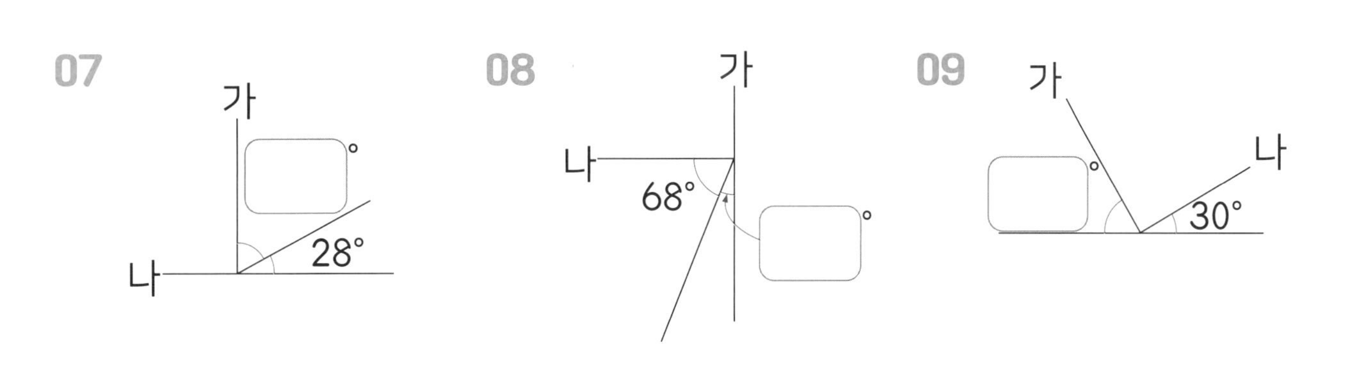

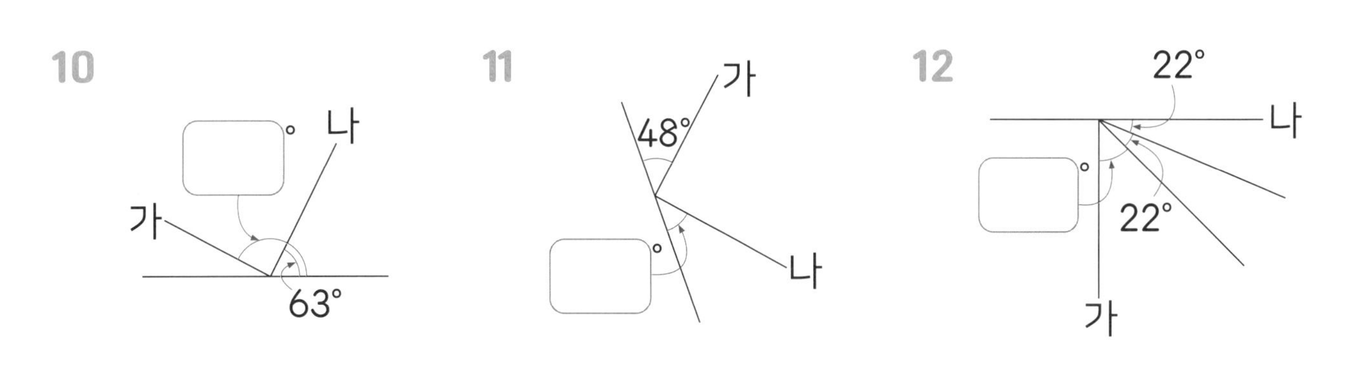

평행을 알고 모눈종이에 평행선을 그릴 수 있어요

한 직선에서 수직인 두 직선을 그었을 때, 두 직선은 서로 만나지 않습니다.
서로 만나지 않는 두 직선을 평행하다고 합니다.
평행한 두 직선을 평행선이라고 합니다.

직선과 평행하고 점을 지나는 직선을 그리세요.

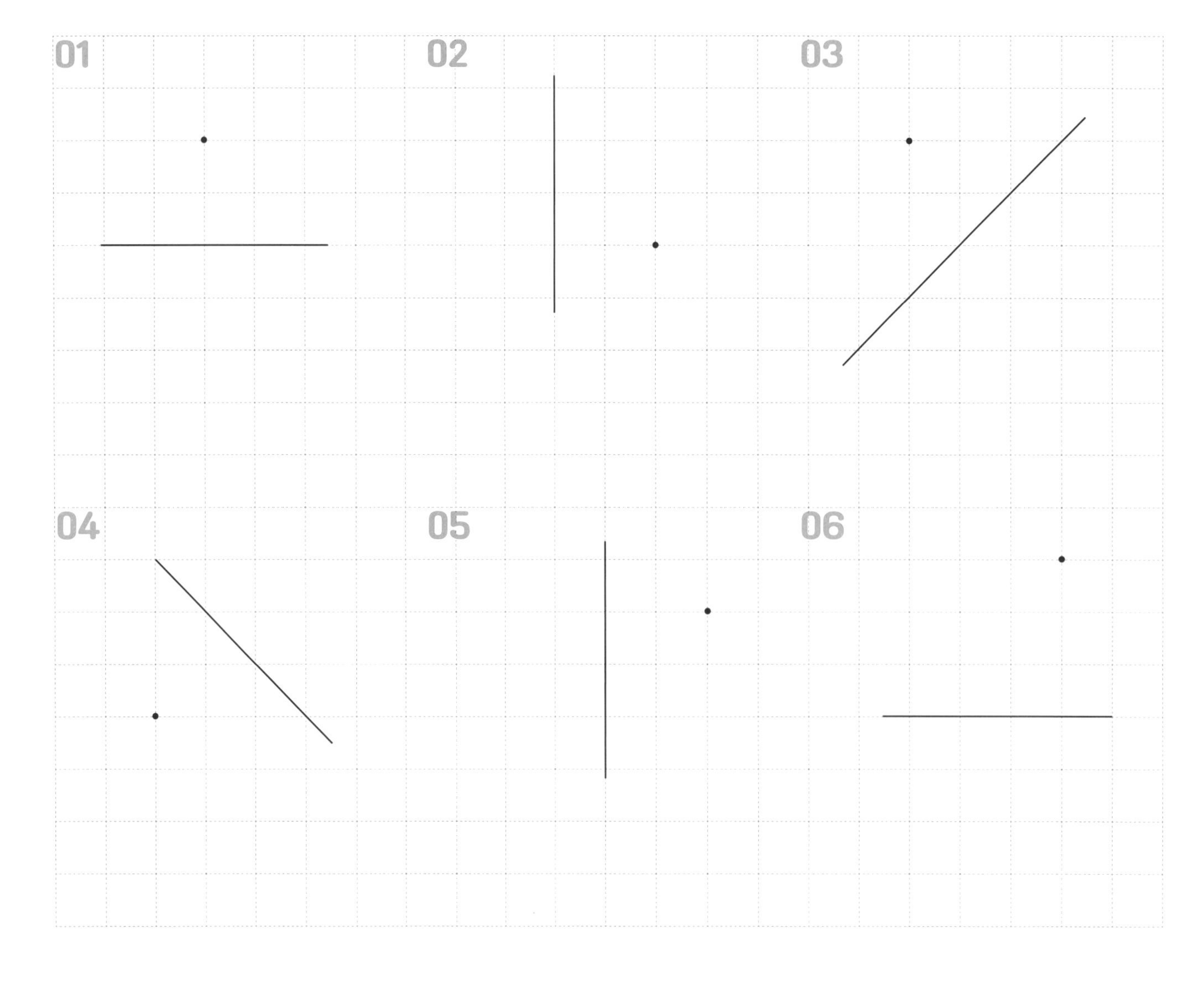

직선과 평행하고 점을 지나는 직선을 그리세요.

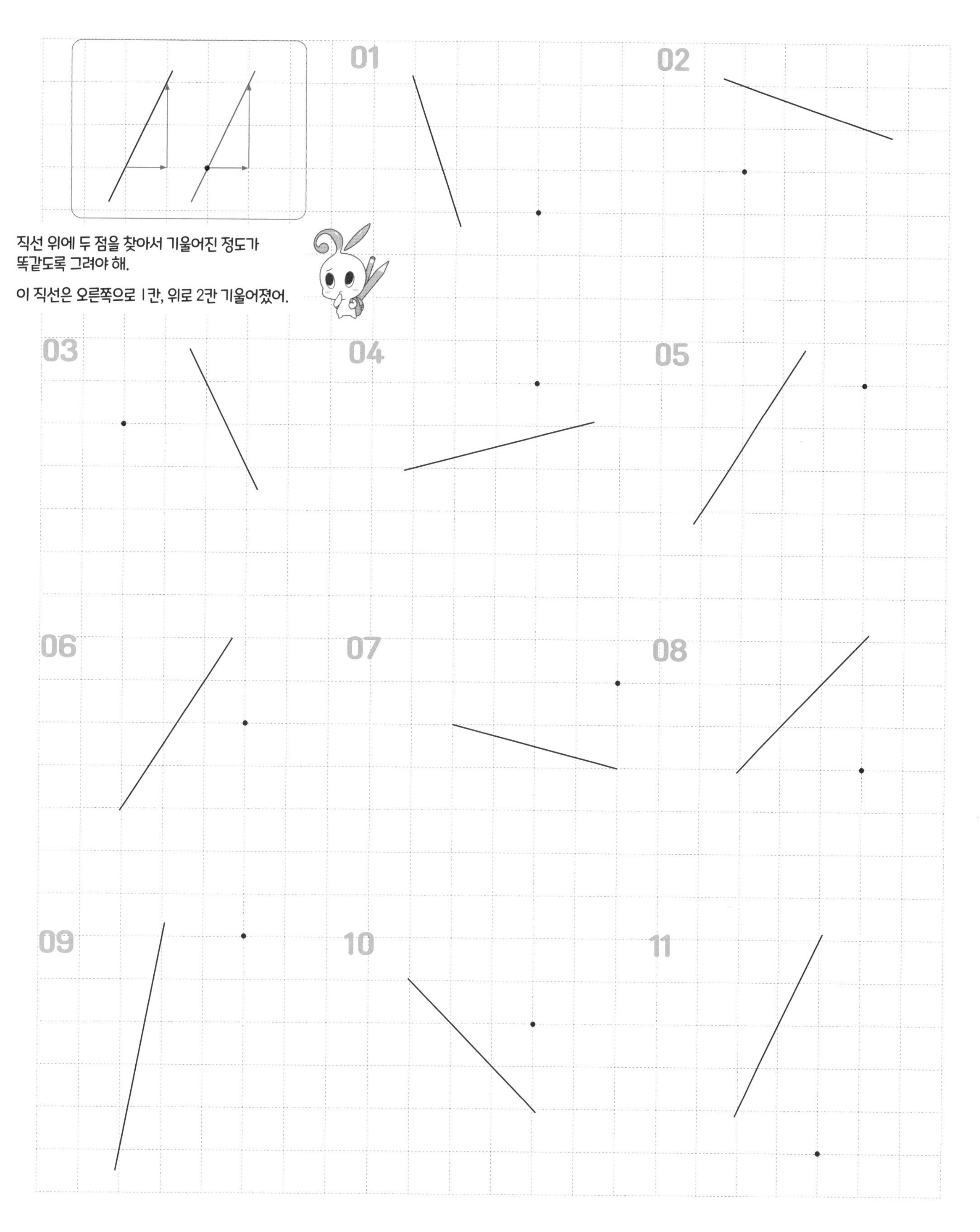

23 A 사다리꼴과 평행사변형의 성질을 알고 그릴 수 있어요

○ 평행한 변이 한 쌍이라도 있는 사각형을 사다리꼴이라고 합니다.

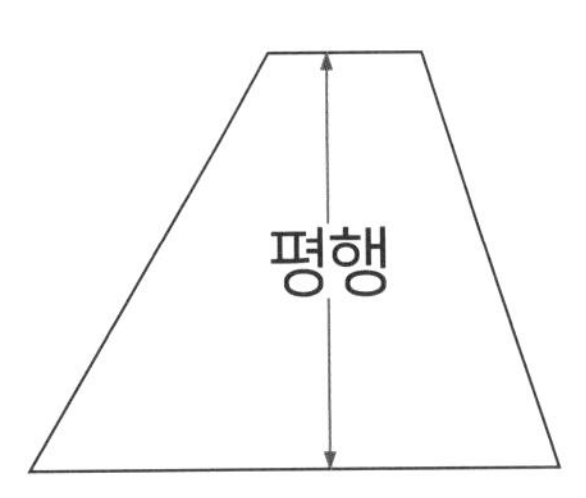

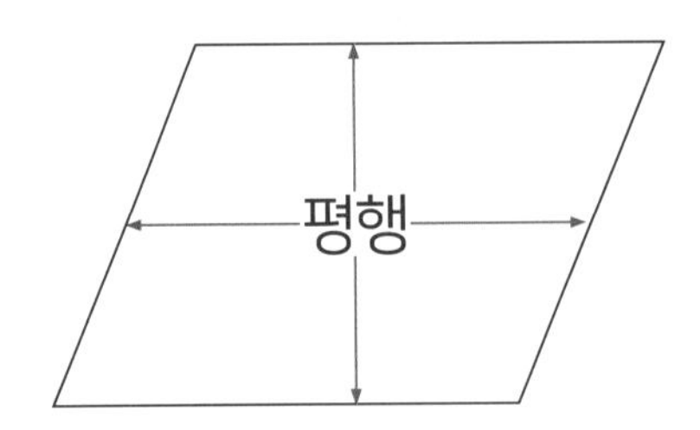

○ 마주 보는 두 쌍의 변이 서로 평행한 사각형을 평행사변형이라고 합니다.

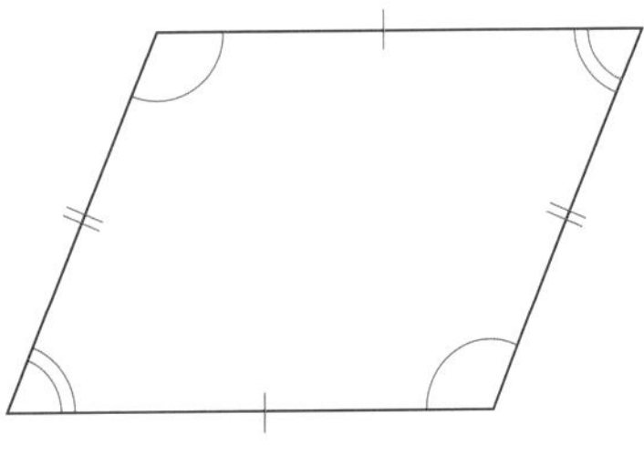

· 마주 보는 두 변의 길이가 같습니다.

· 마주 보는 두 각의 크기가 같습니다.

· 이웃한 두 각의 크기의 합이 180°입니다.

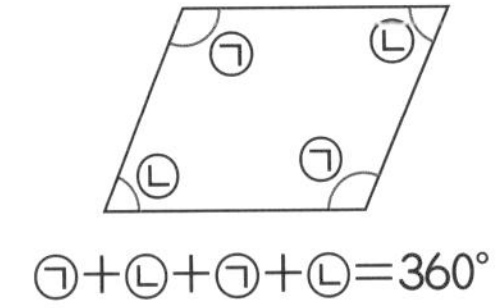

㉠+㉡+㉠+㉡=360°

㉠+㉡=180°

도형을 보고 물음에 답하세요.

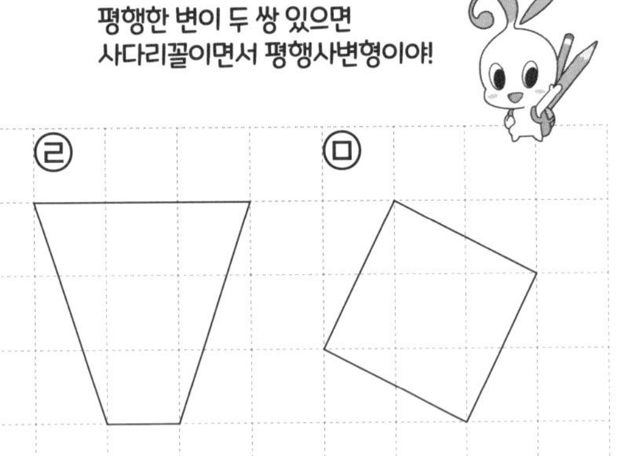

㉠ ㉡ ㉢ ㉣ ㉤

01 사다리꼴인 사각형의 기호를 모두 쓰세요.

02 평행사변형인 사각형의 기호를 모두 쓰세요.

주어진 선분을 사용하여 평행사변형을 완성하세요.

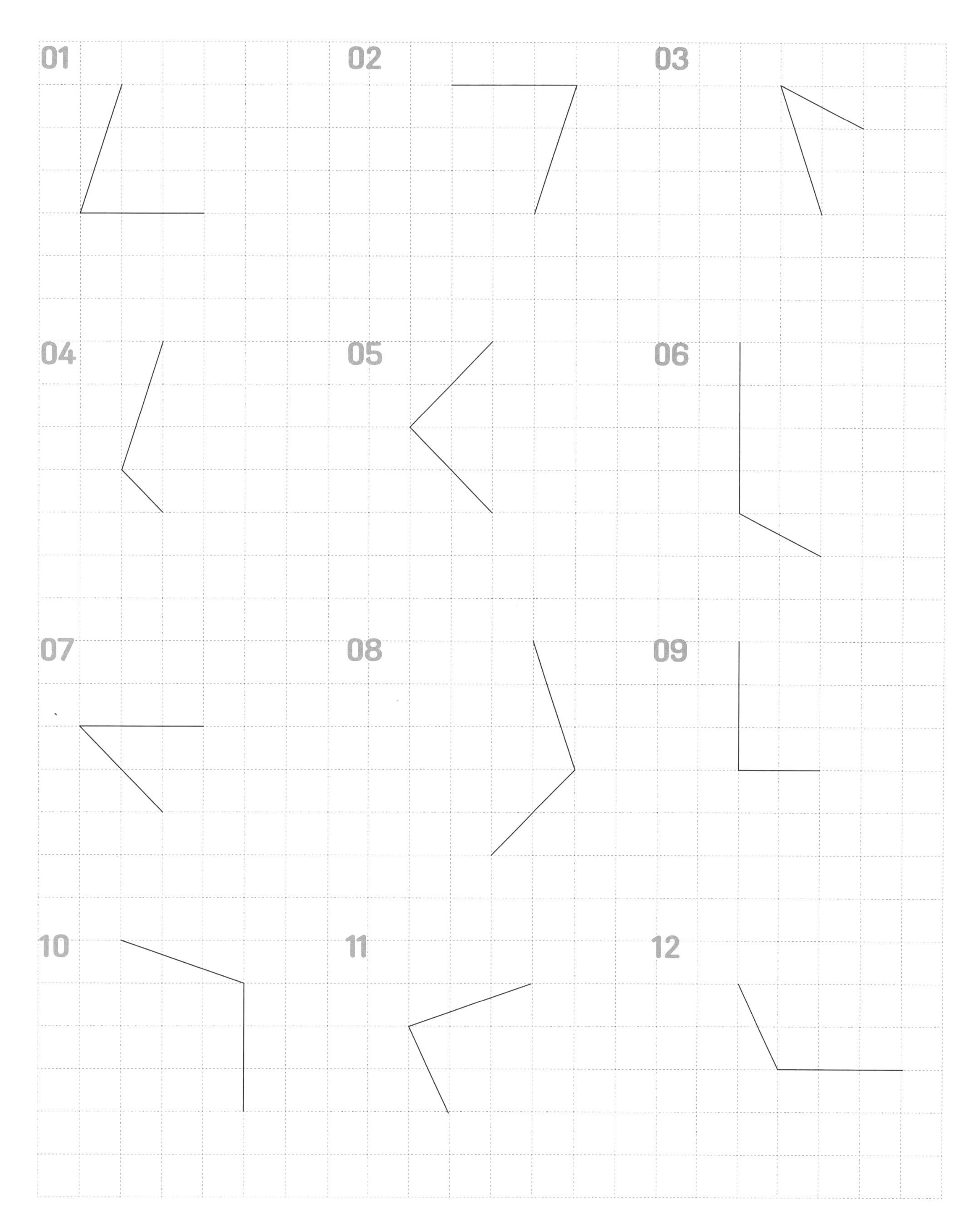

23 B 평행사변형의 성질로 변의 길이와 각도를 구해요

평행사변형을 보고 □ 안에 알맞은 수를 써넣으세요.

01

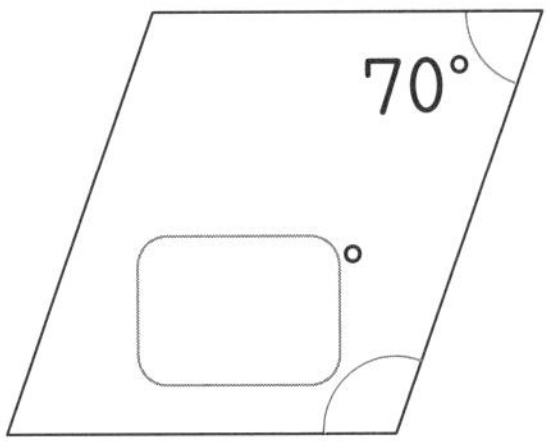

70°

□°

02

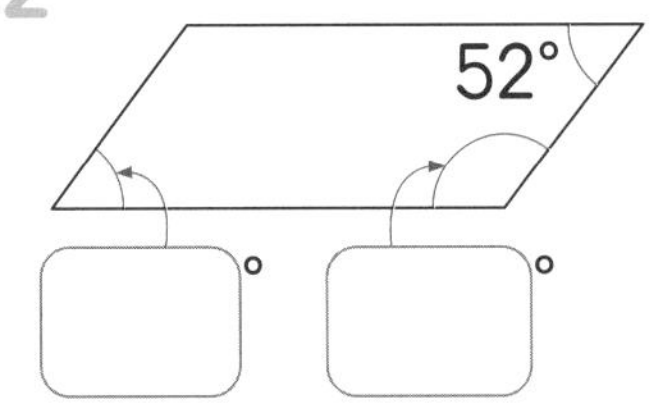

52°

□° □°

03

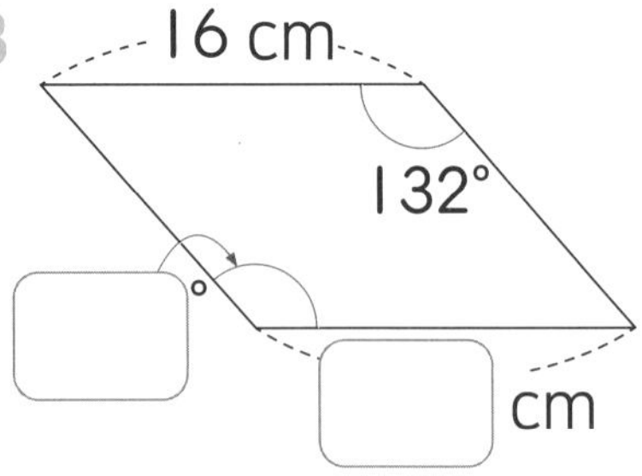

16 cm

132°

□°

□ cm

04

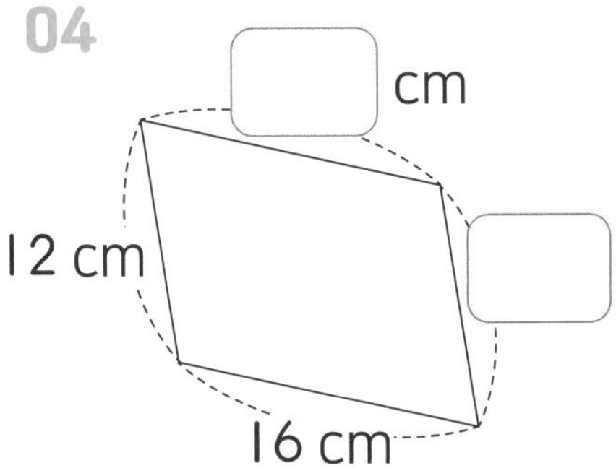

□ cm

12 cm

□ cm

16 cm

05

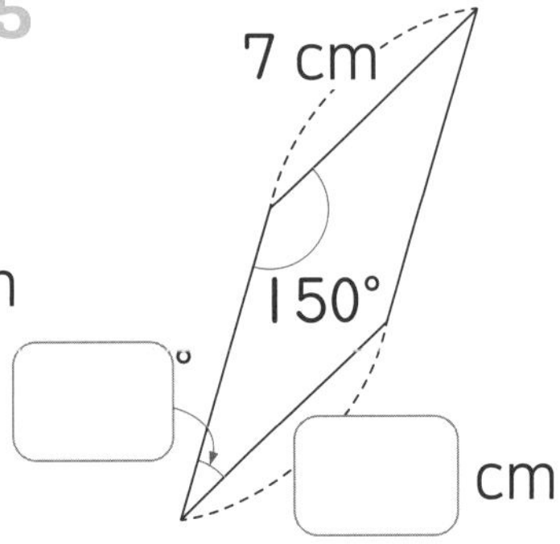

7 cm

150°

□°

□ cm

06

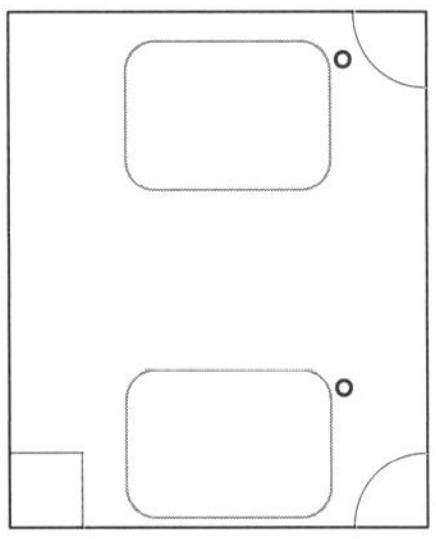

□°

□°

07

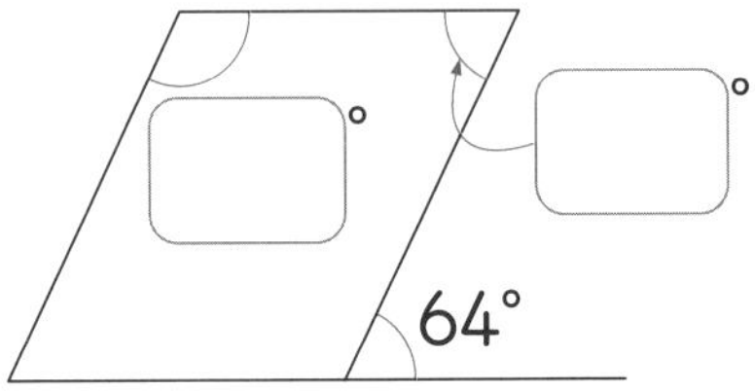

□°

□°

64°

08

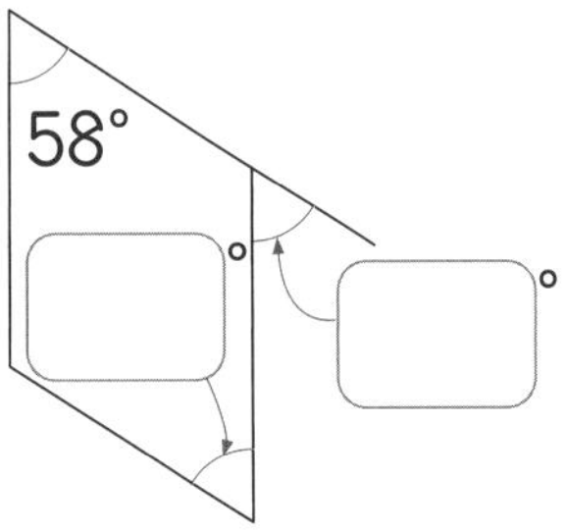

58°

□°

□°

09

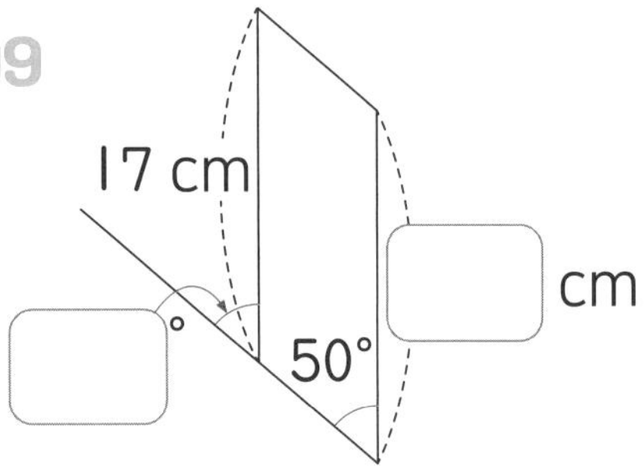

17 cm

□°

50°

□ cm

10

□°

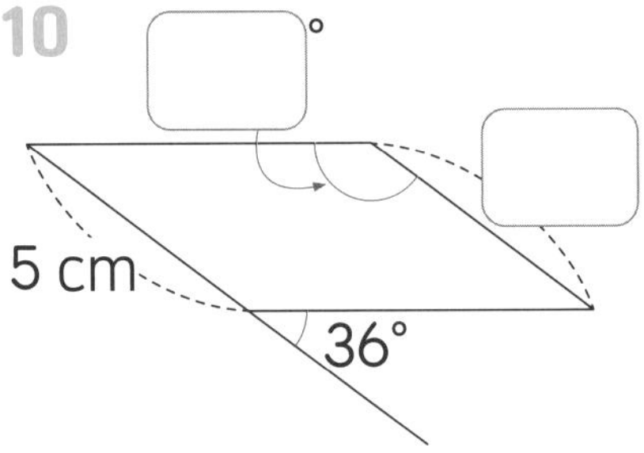

□ cm

5 cm

36°

11

□°

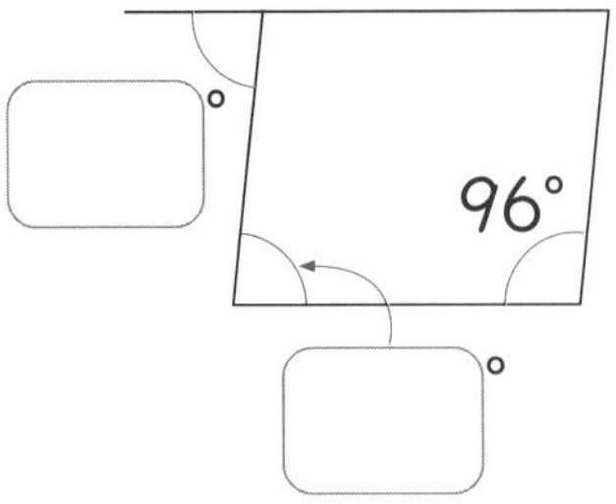

96°

□°

12

□ cm

47°

□°

6 cm

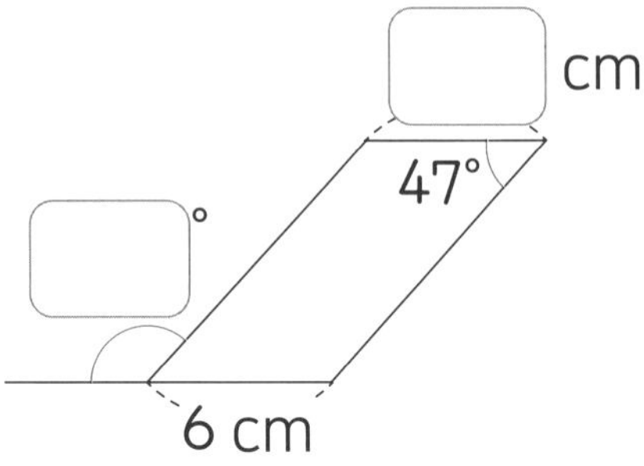

평행사변형을 보고 □ 안에 알맞은 수를 써넣으세요.

평행사변형에서는 마주 보는 두 변의 길이와 두 각의 크기가 같고, 이웃한 두 각의 크기의 합은 180°야.

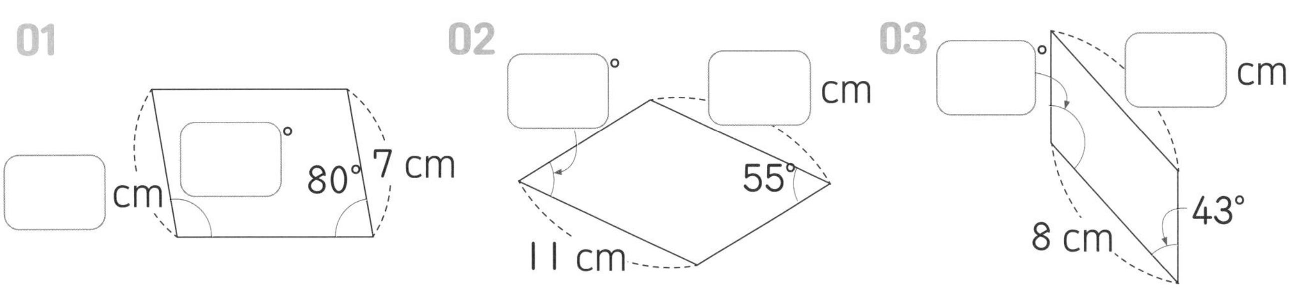

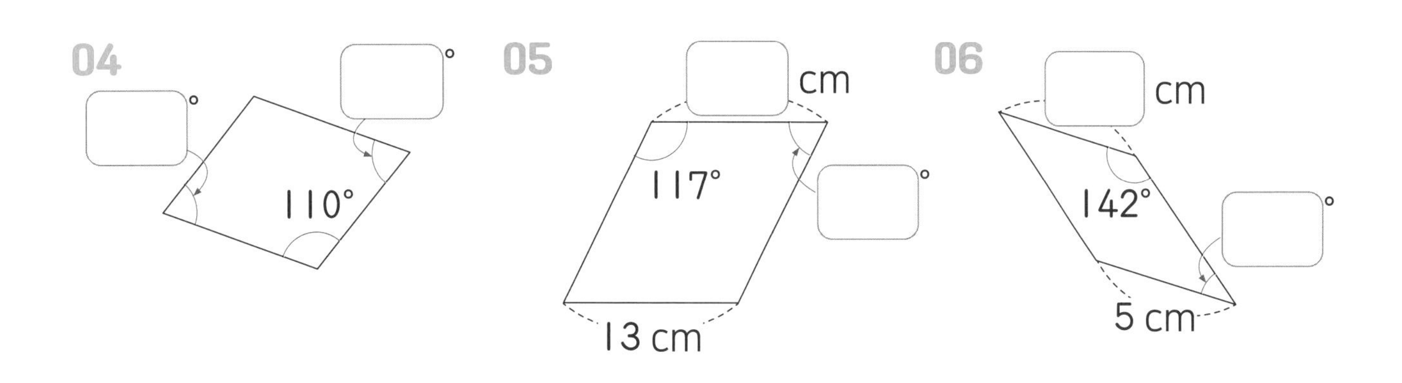

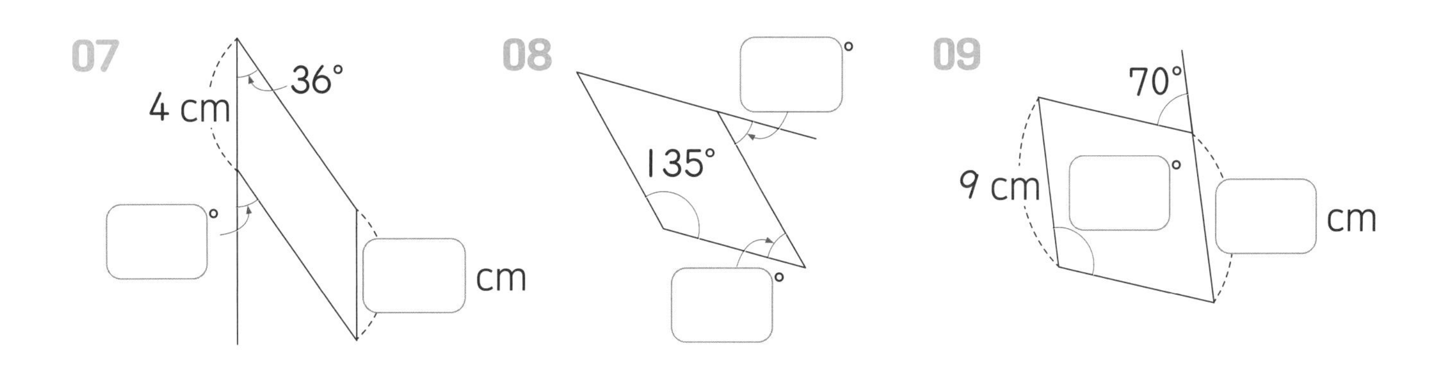

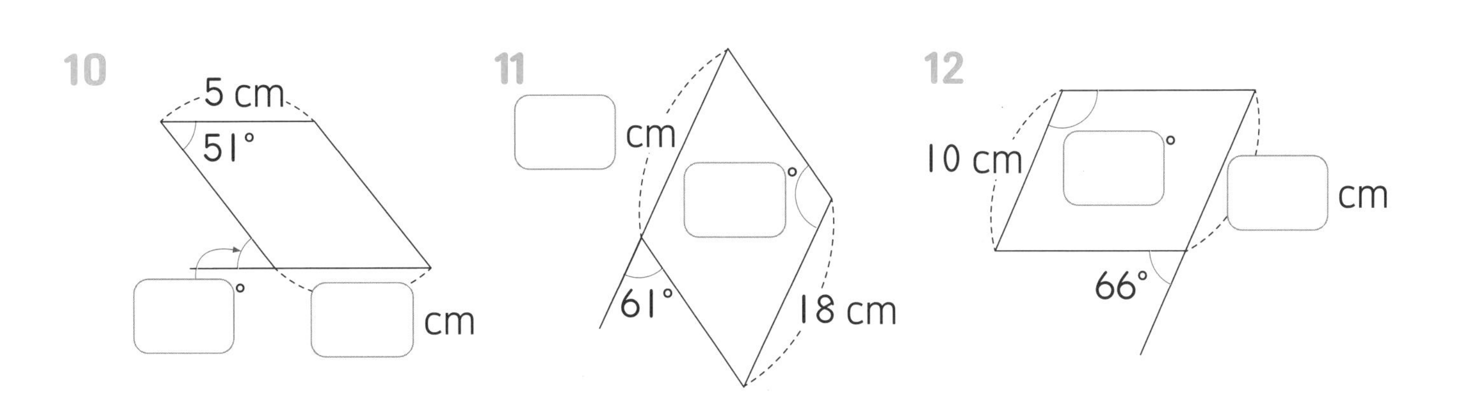

마름모와 직사각형

24 A 마름모의 성질로 각도를 구해요

○ 네 변의 길이가 모두 같은 사각형을 마름모라고 합니다.
마름모는 평행사변형이기도 하기 때문에 평행사변형의 성질을 똑같이 가지고 있고, 두 대각선이 서로 수직이등분합니다.

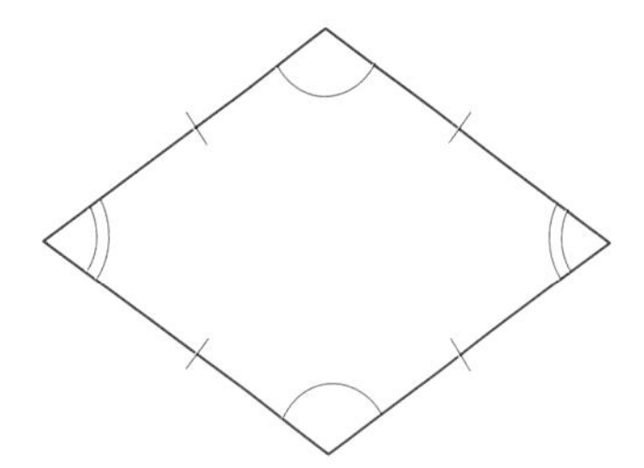

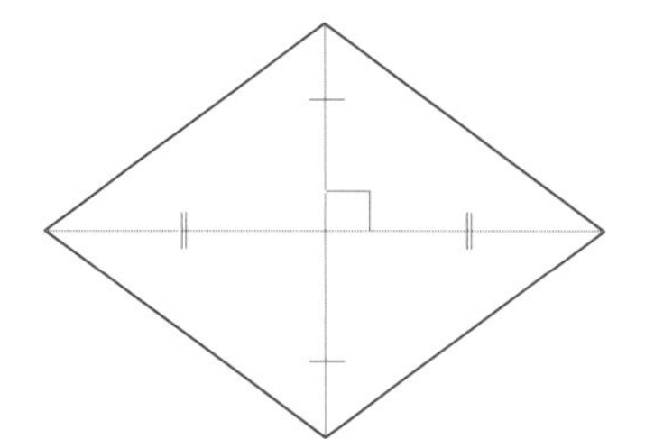

○ 마름모와 직사각형의 차이
직사각형도 평행사변형의 성질을 똑같이 가지고 있고, 두 대각선의 길이가 같고 서로 이등분합니다.

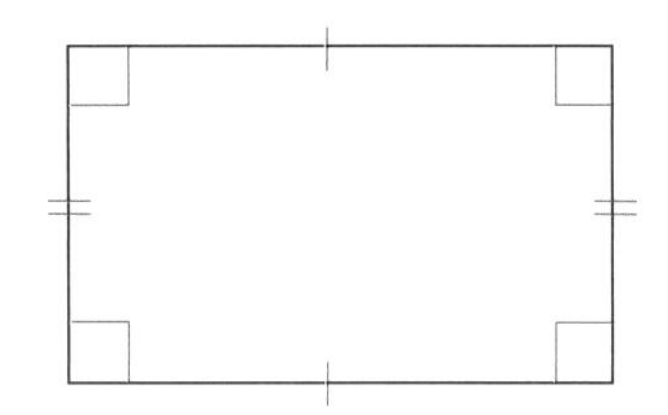

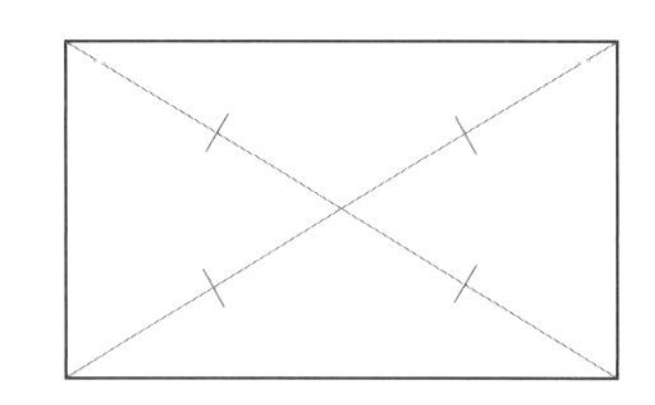

마름모가 평행사변형 중에서 네 변의 길이가 같은 사각형이라면,
직사각형은 평행사변형 중에서 네 각의 크기가 같은 사각형이라고 할 수 있어.

정사각형은 평행사변형뿐만 아니라 마름모와 직사각형의 성질을 모두 가지고 있지.

주어진 선분을 사용하여 마름모를 완성하세요.

주어진 선분 두 개와 길이가 같으면서 평행한 선분 두 개를 각각 그리면 돼~

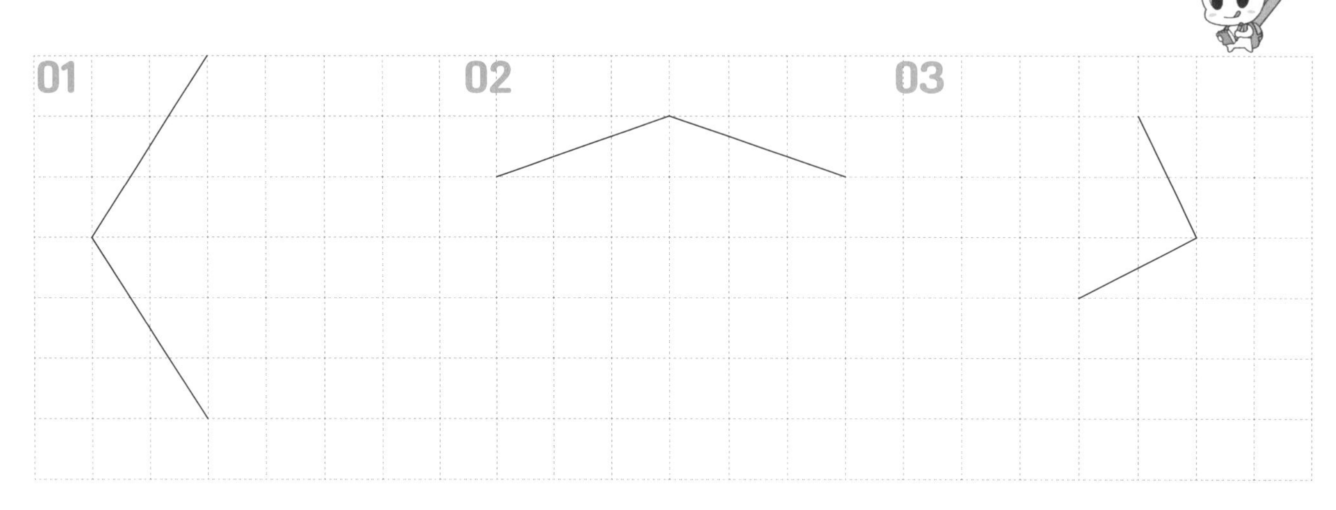

마름모를 보고 □ 안에 알맞은 수를 써넣으세요.

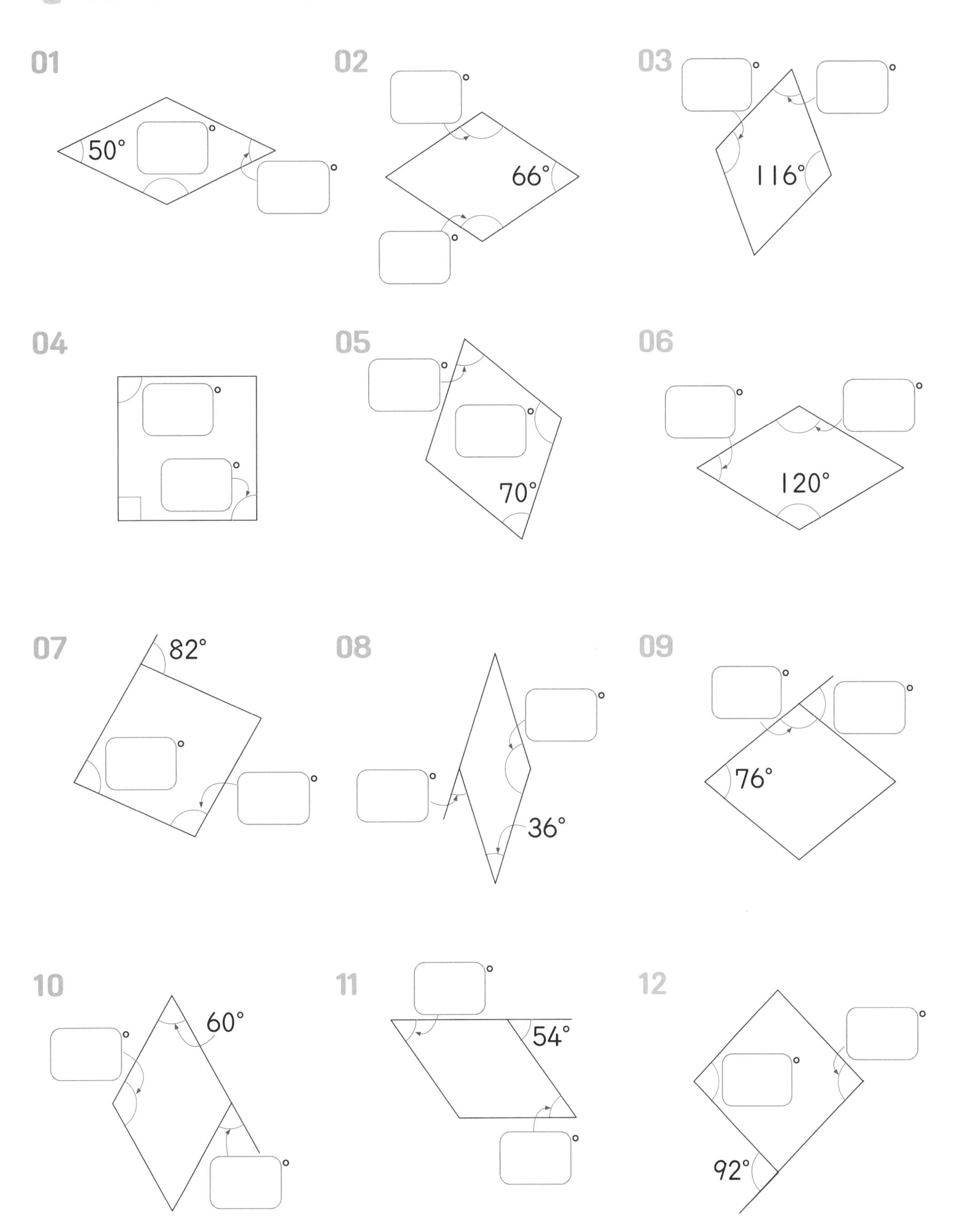

마름모와 직사각형의 대각선의 성질로 각도를 구해요

직사각형을 보고 □ 안에 알맞은 수를 써넣으세요.

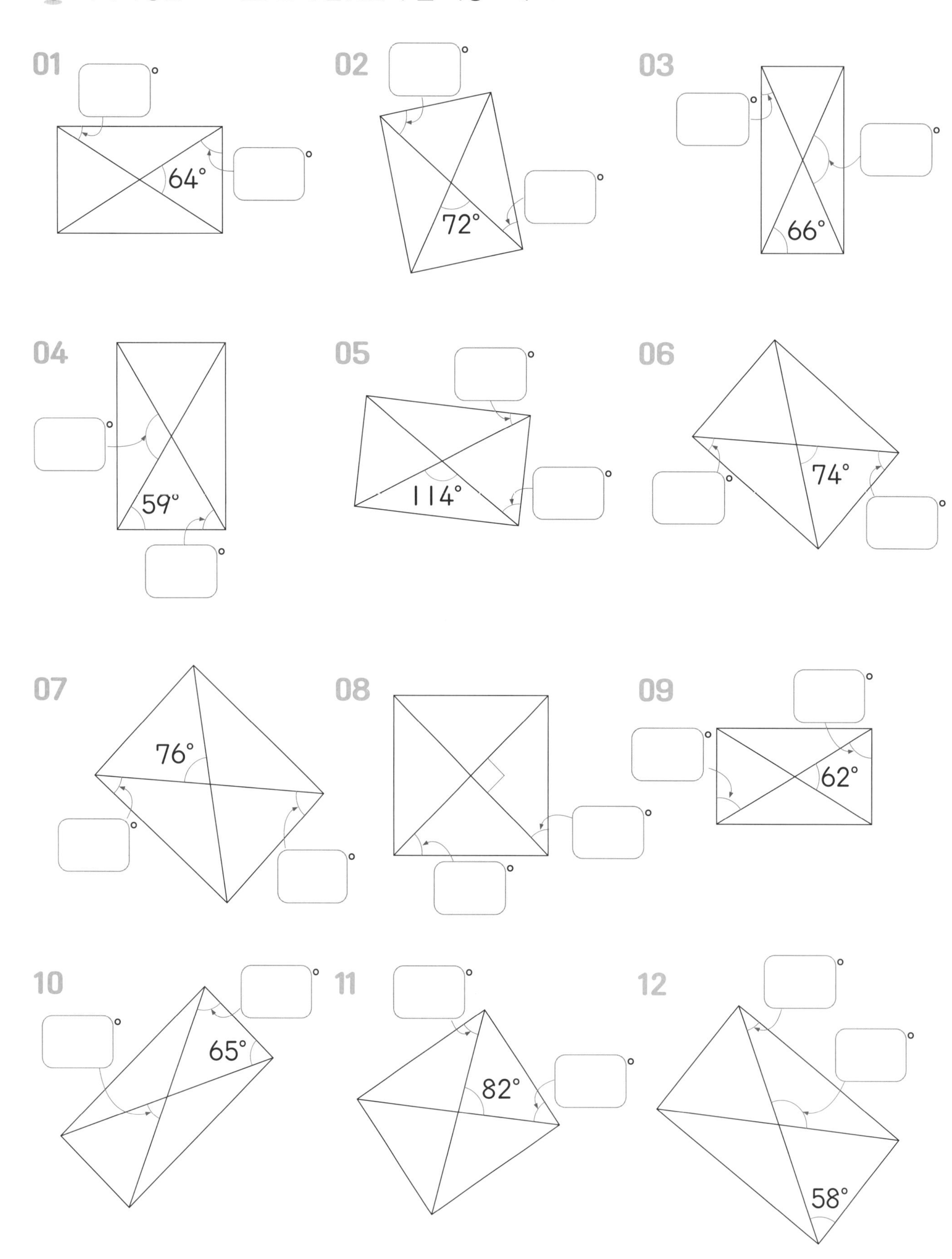

마름모를 보고 □ 안에 알맞은 수를 써넣으세요.

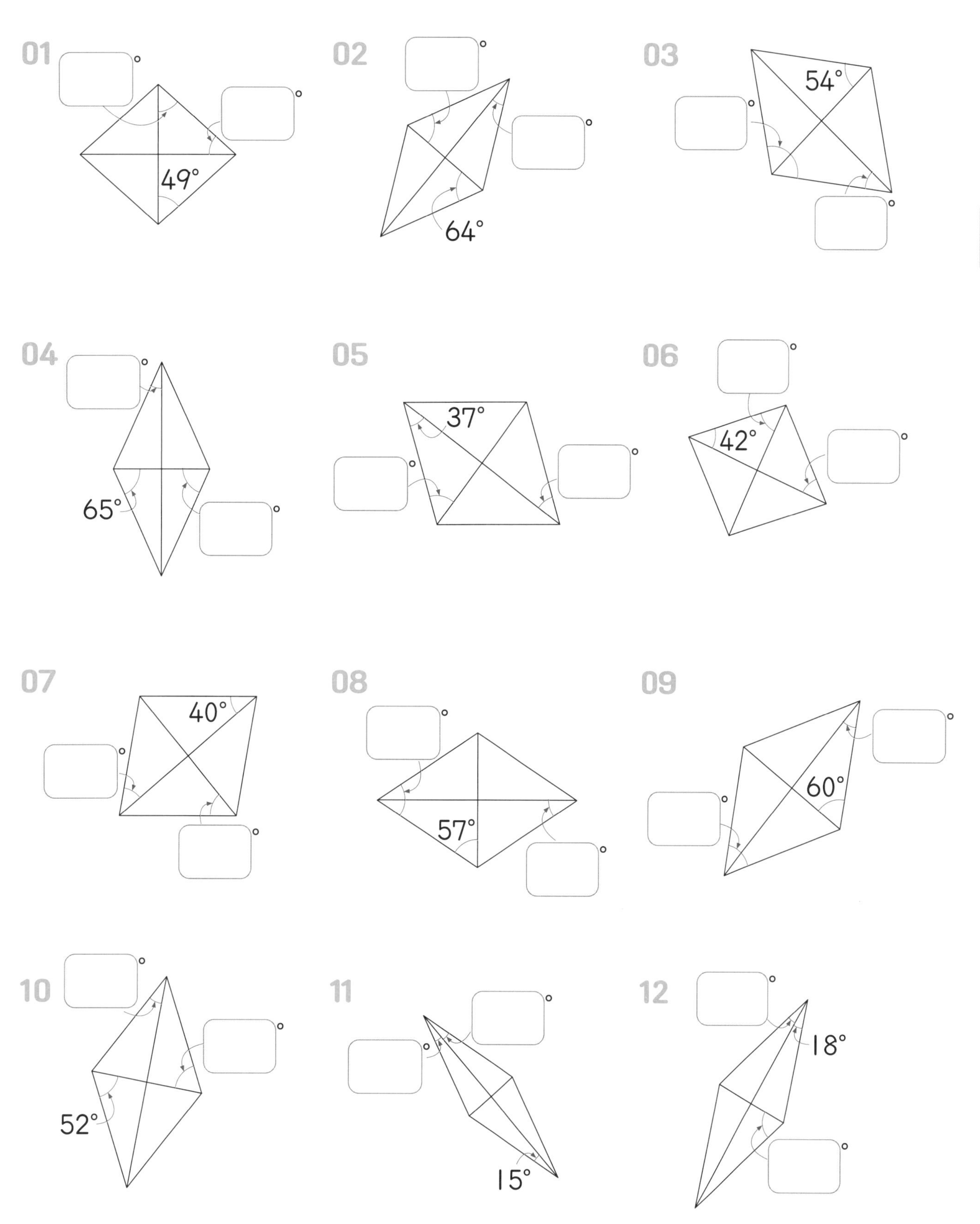

25 다각형의 각 구하기 연습 1

A 변의 길이나 각의 크기를 보고 어떤 도형인지 판단해요

□ 안에 알맞은 수를 써넣으세요.

03번의 도형은 마주보는 두 쌍의 각의 크기가 각각 같으니 평행사변형이야! 다른 문제도 어떤 도형인지 먼저 살펴야 해.

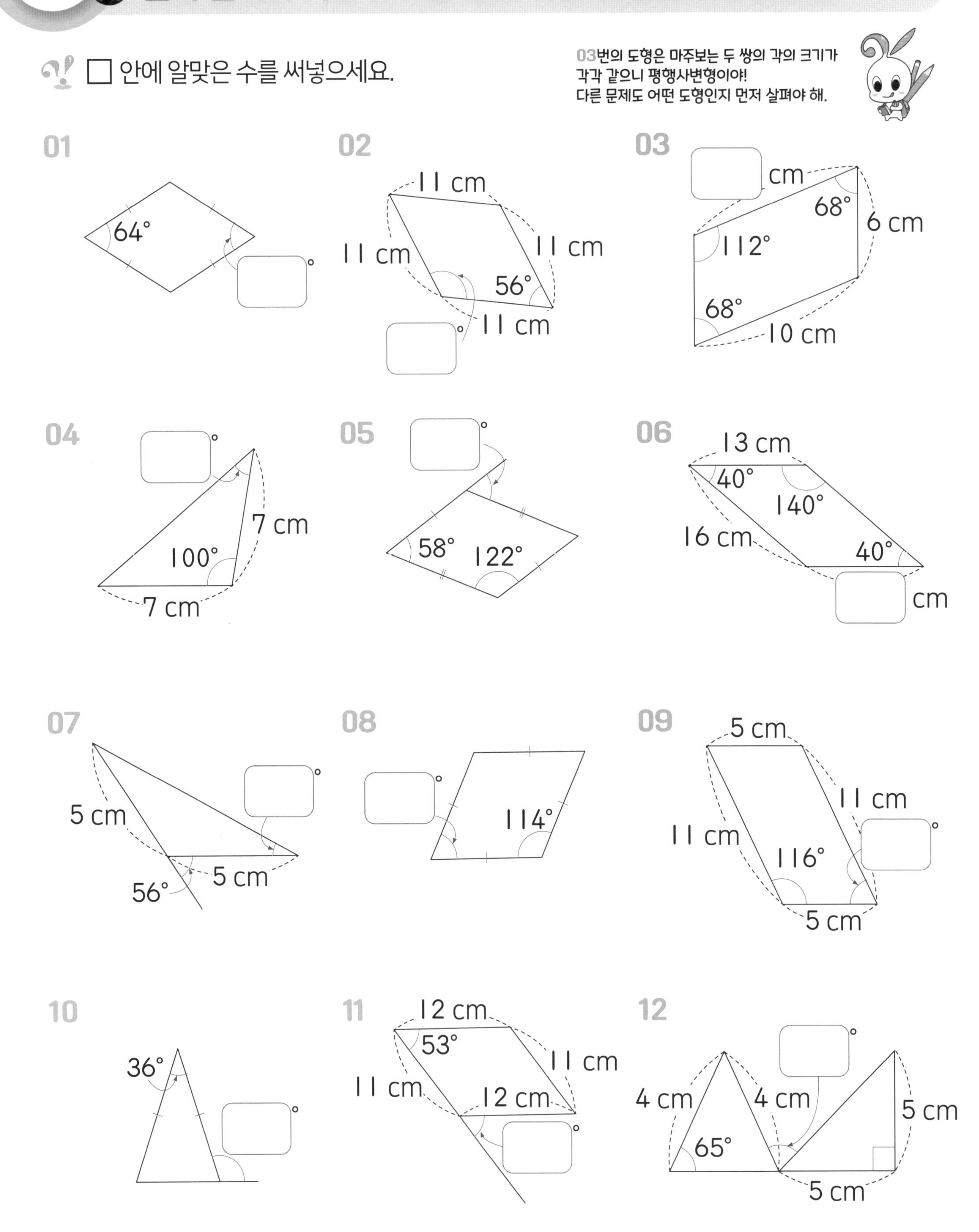

□ 안에 알맞은 수를 써넣으세요.

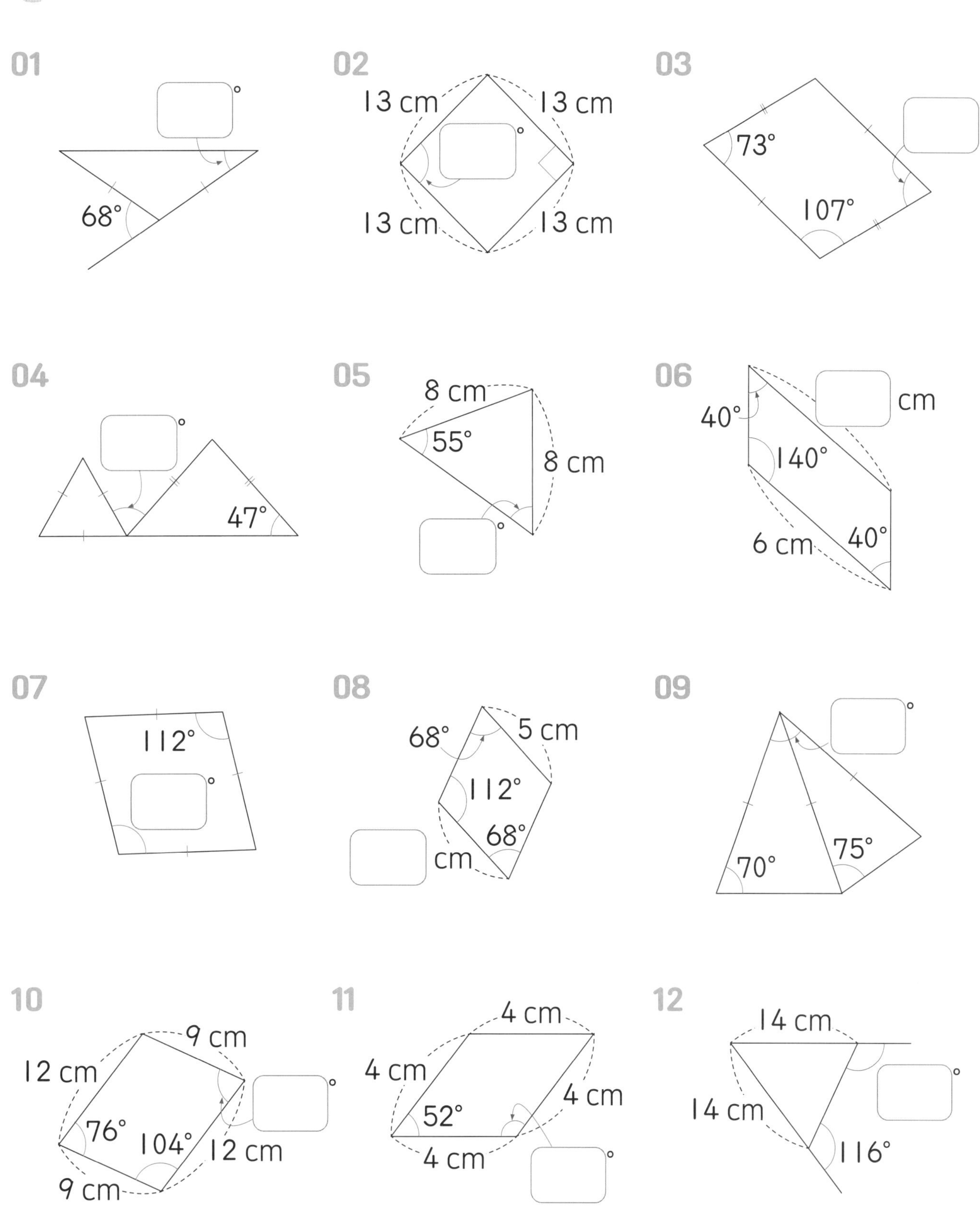

25 B 다각형의 각 구하기 연습 1
도형에 따라 크기가 같은 각을 찾아요

□ 안에 알맞은 수를 써넣으세요.

01

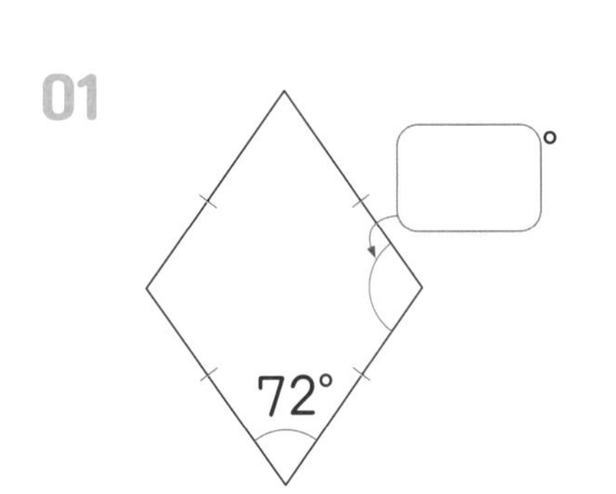

02

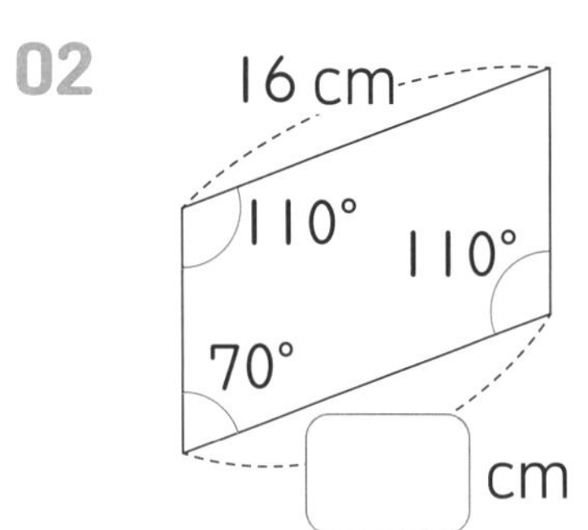

03

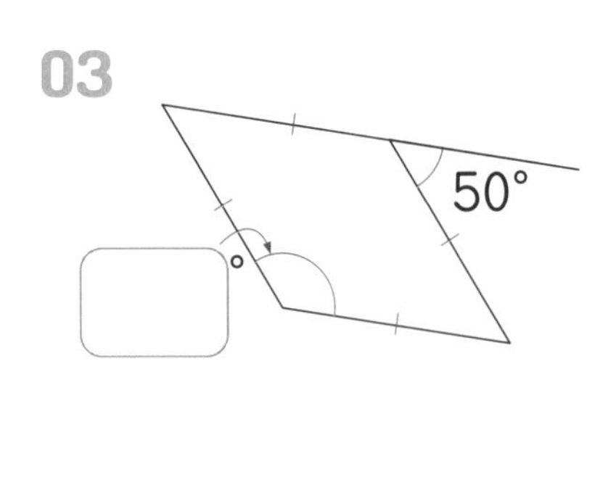

04

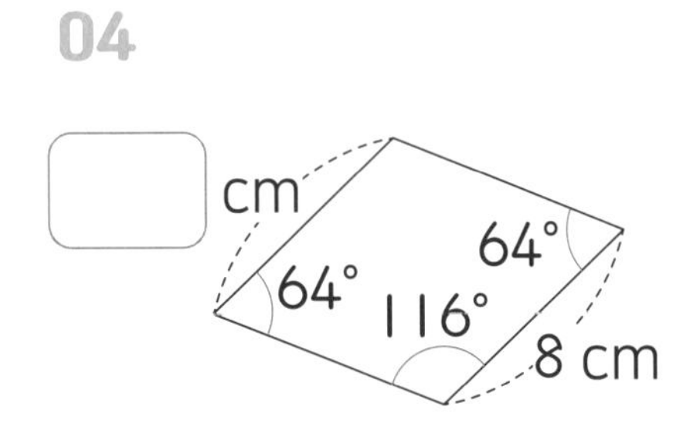

05

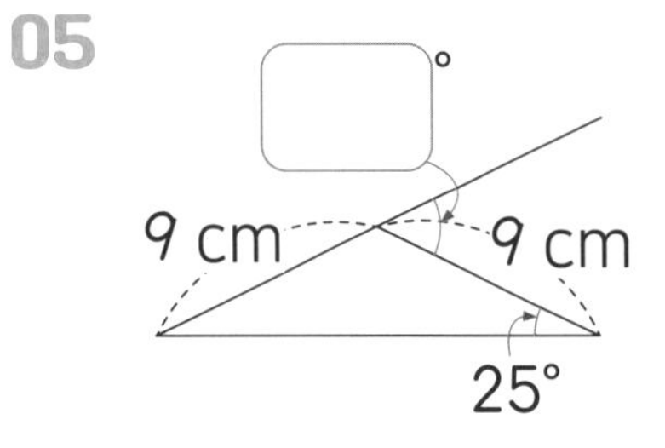

06

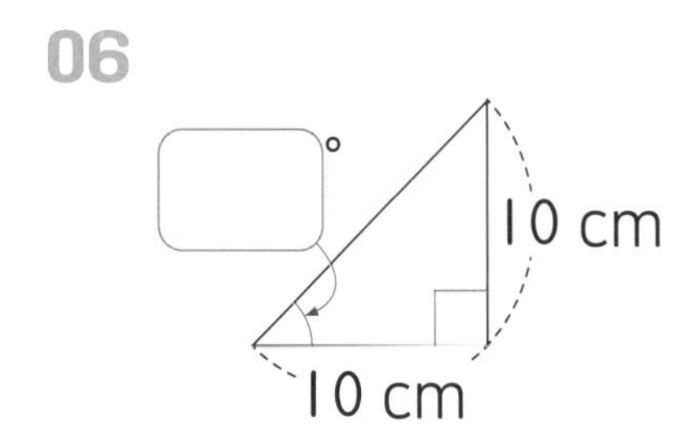

07

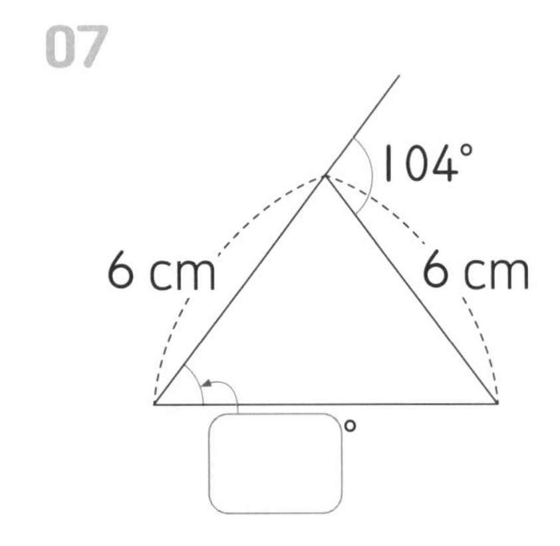

08

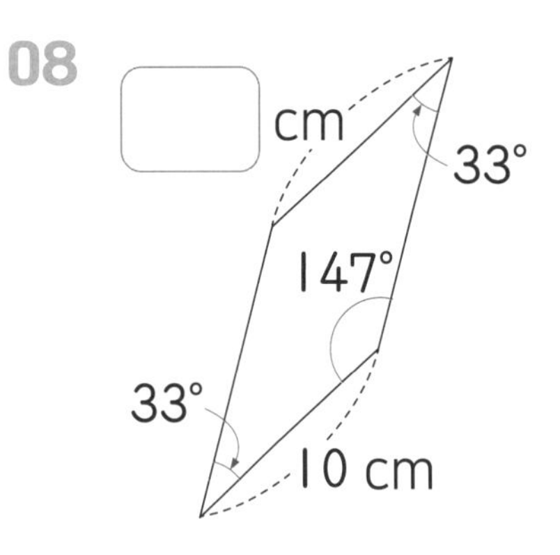

09

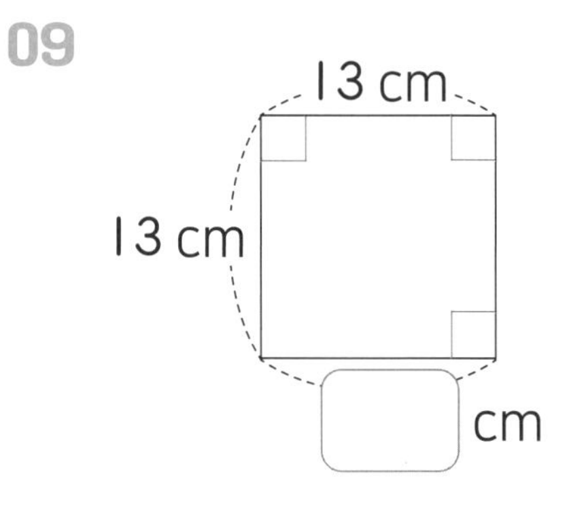

10

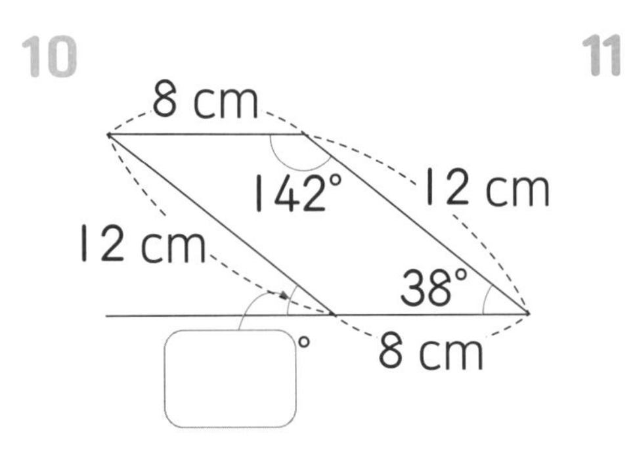

11

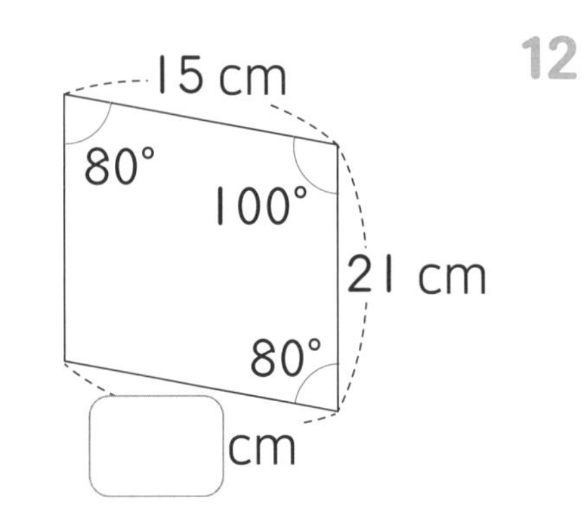

12

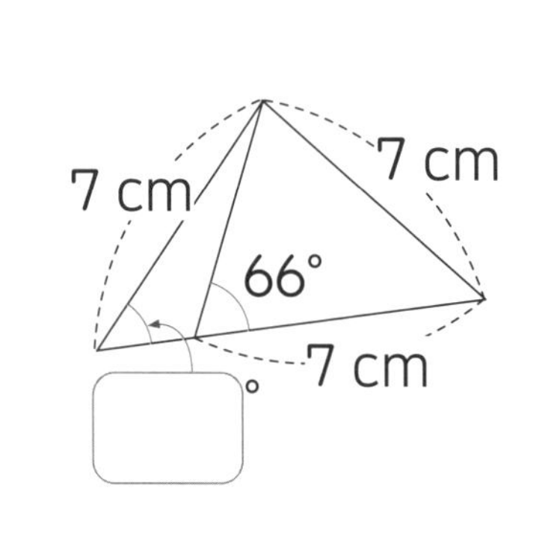

□ 안에 알맞은 수를 써넣으세요.

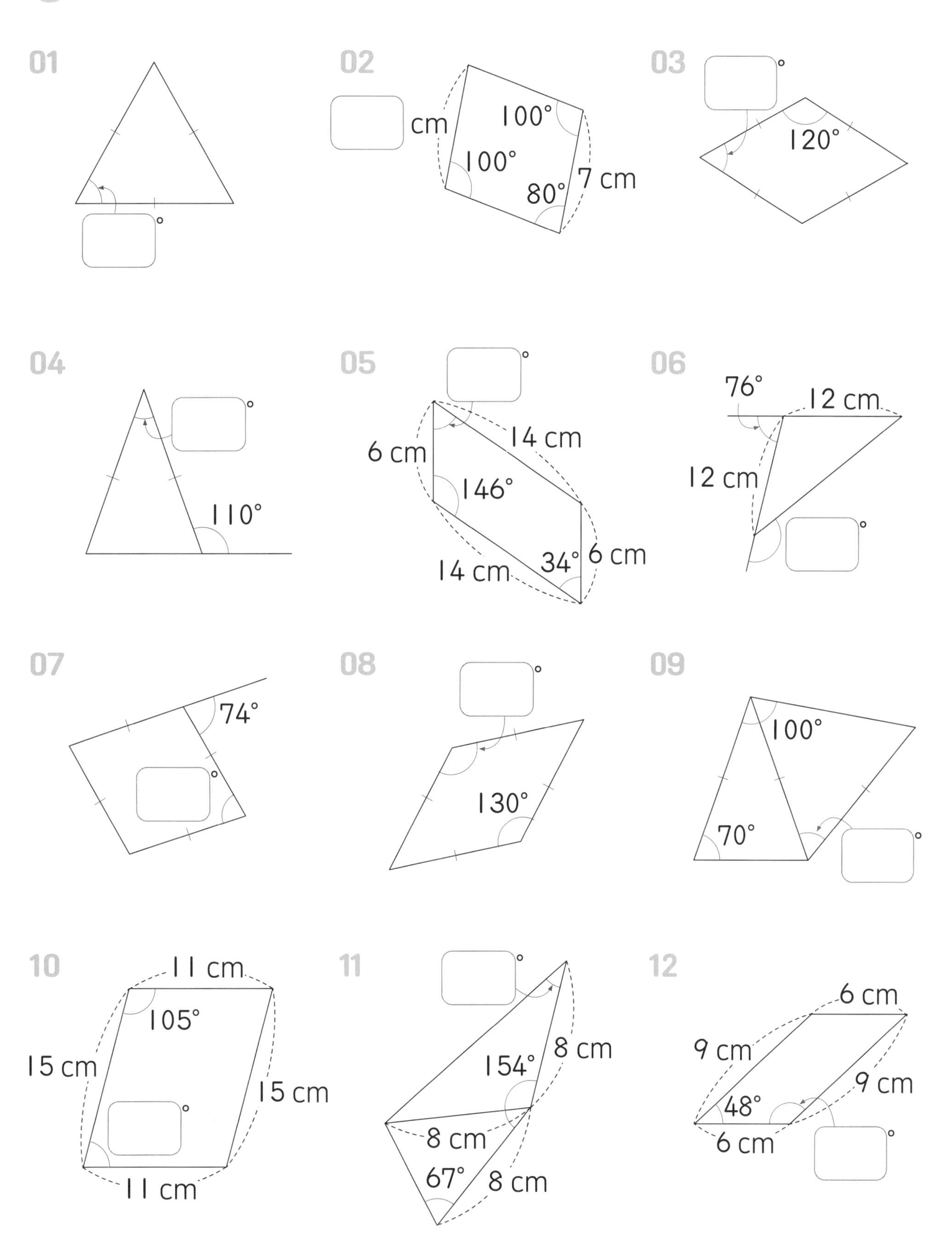

다각형의 각 구하기 연습 2

26 A 대각선이 있는 도형의 각도를 구해요

사각형에 대각선을 그었을 때, □ 안에 알맞은 수를 써넣으세요.

01 평행사변형

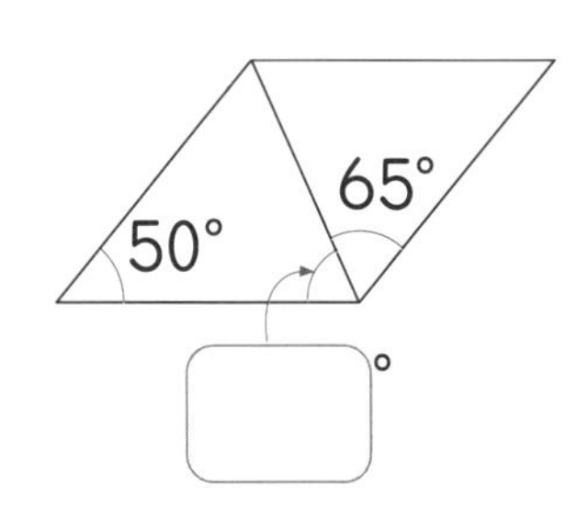

02 마름모

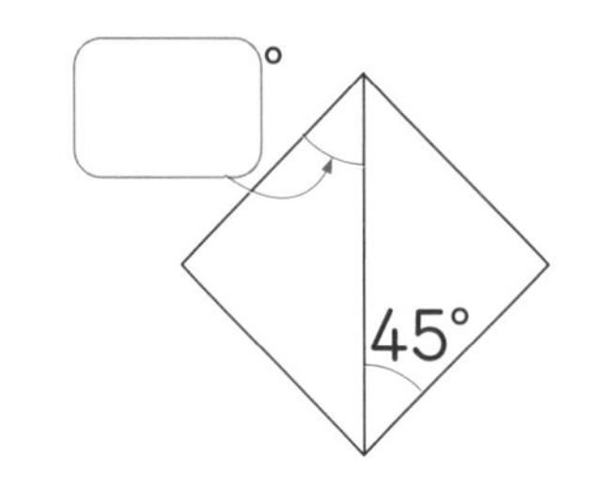

03 직사각형

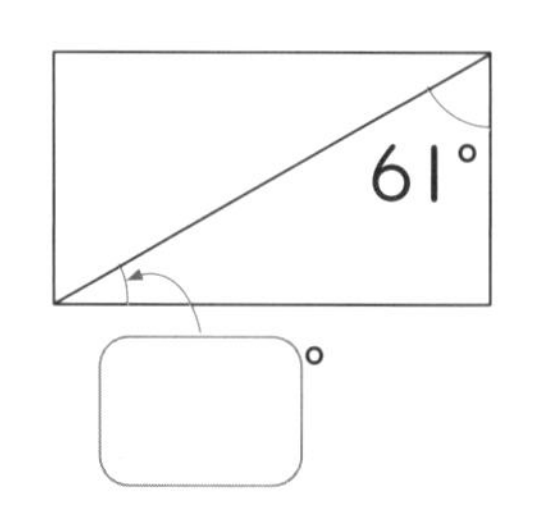

04 평행사변형

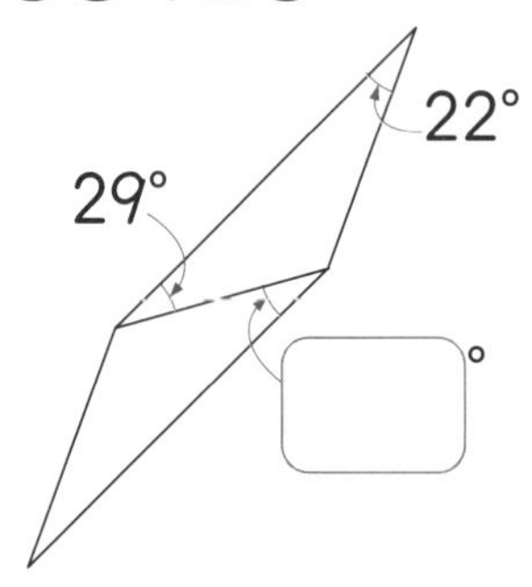

05 마름모

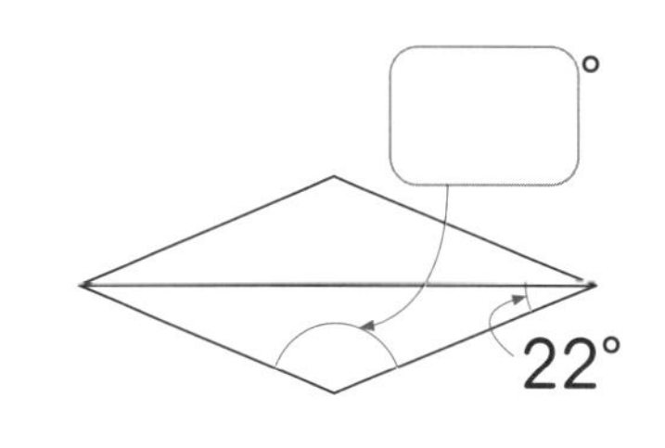

06 직사각형

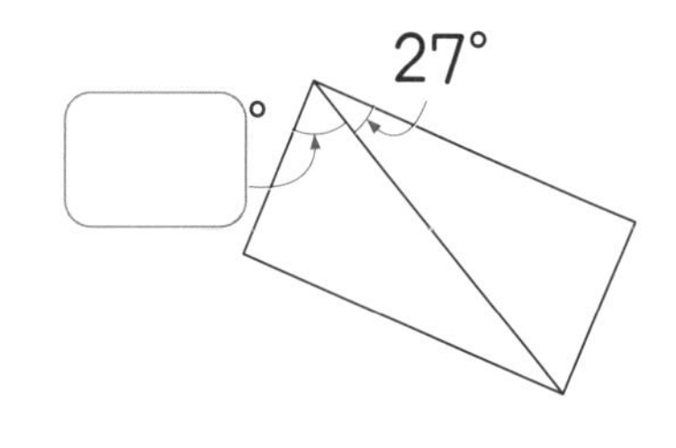

07 평행사변형

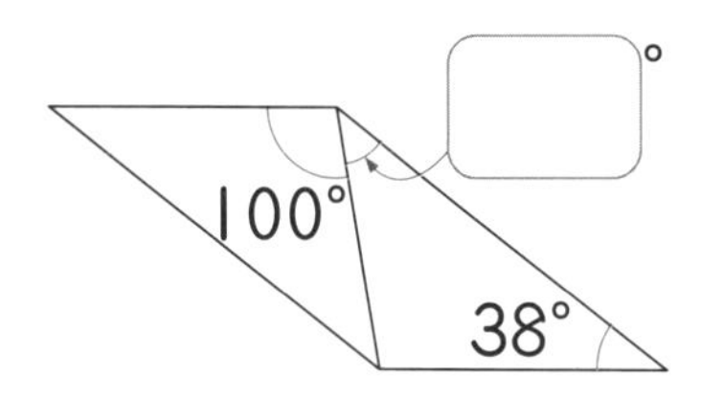

08 마름모

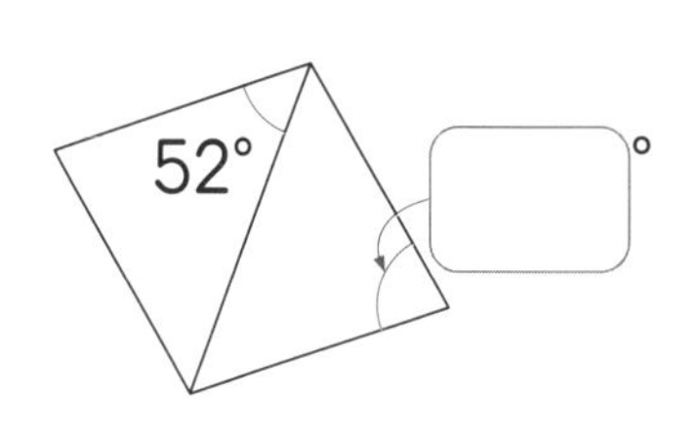

09 직사각형

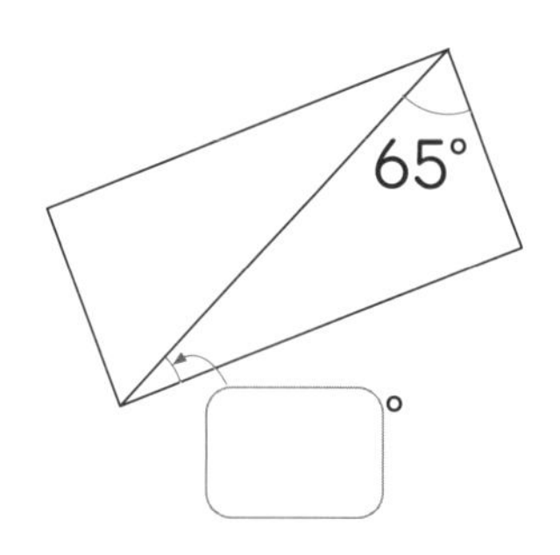

10 평행사변형

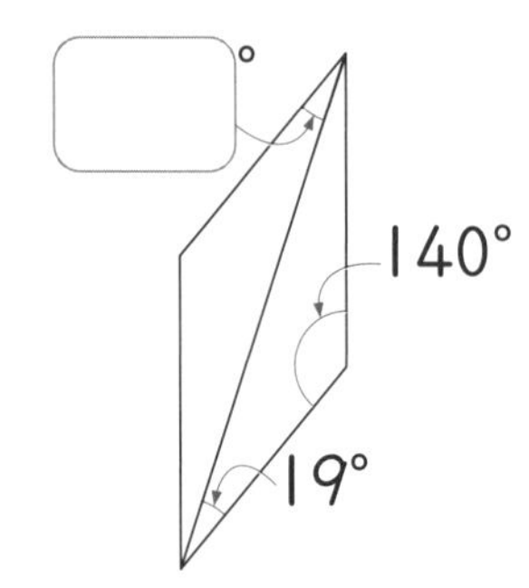

11 마름모

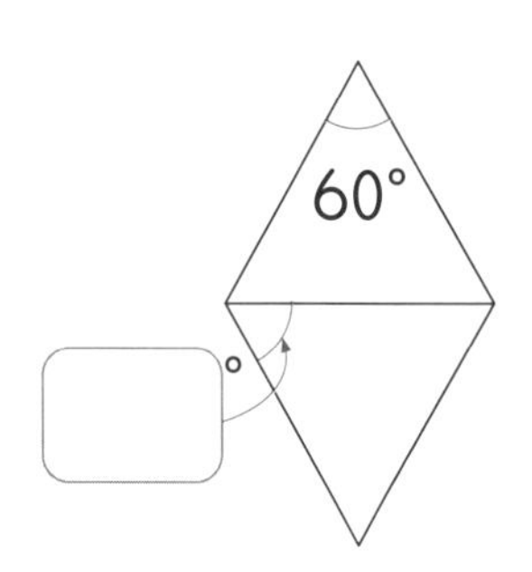

12 직사각형

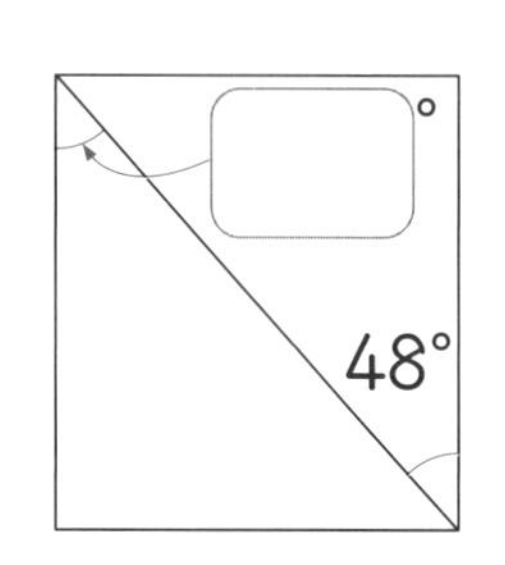

사각형에 대각선을 그었을 때, □ 안에 알맞은 수를 써넣으세요.

01 평행사변형

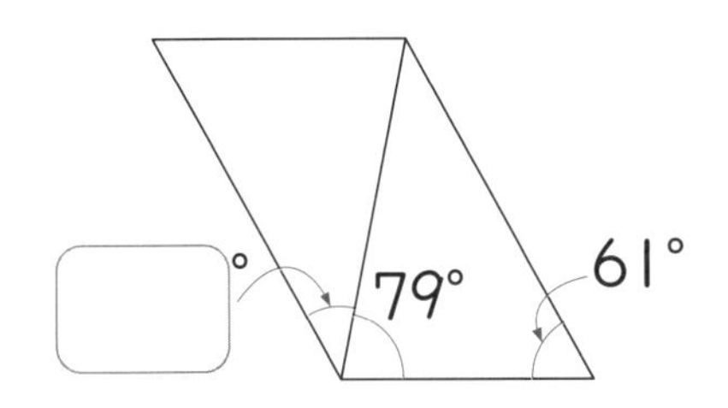

02 마름모

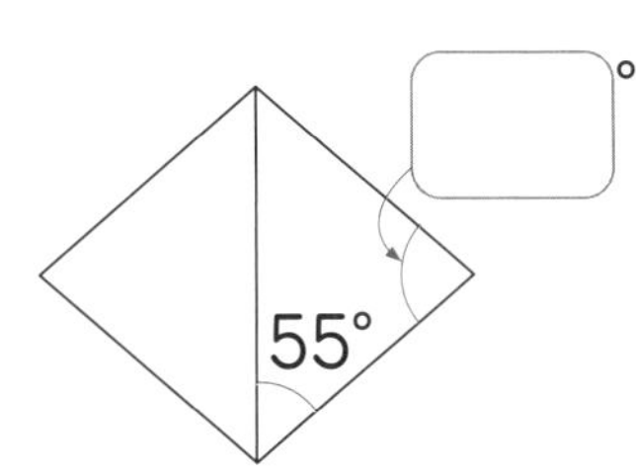

03 직사각형

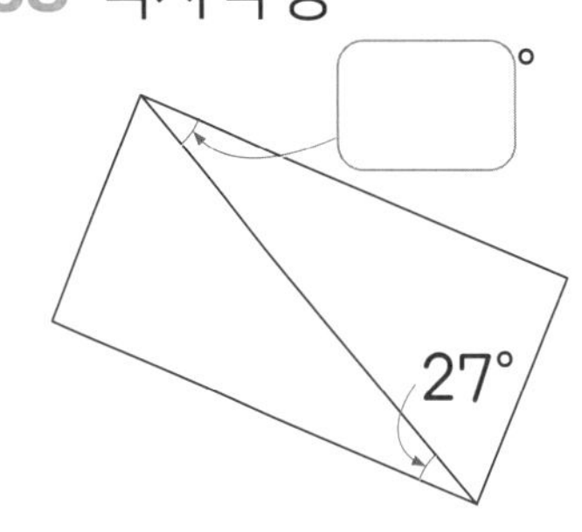

04 평행사변형

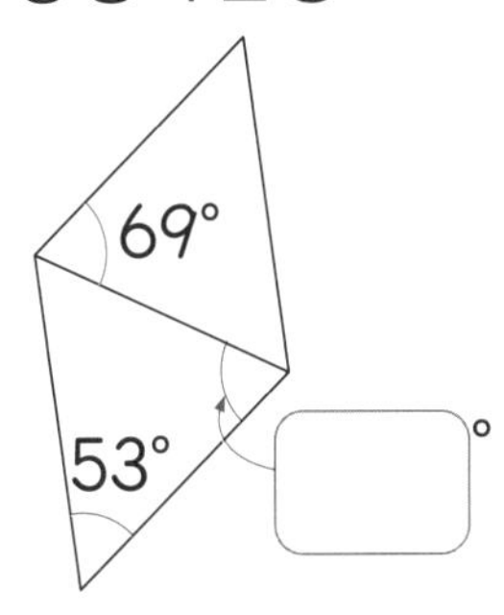

05 마름모

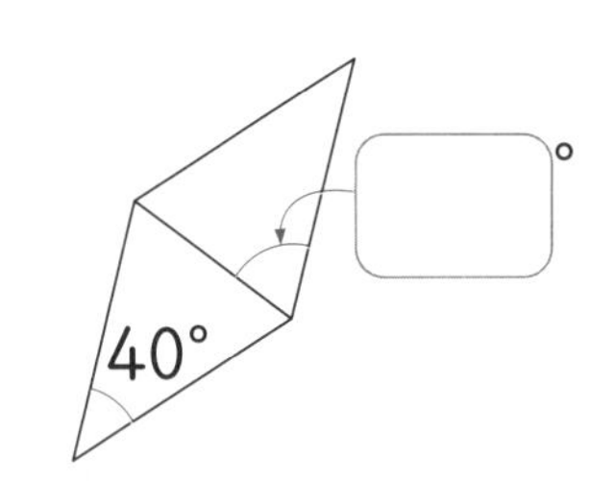

06 직사각형

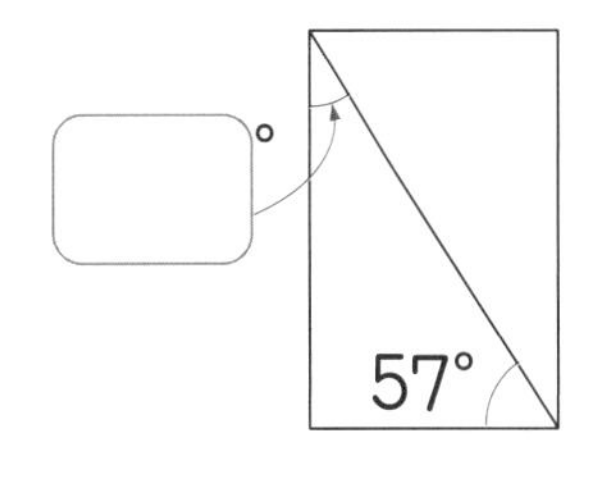

07 평행사변형

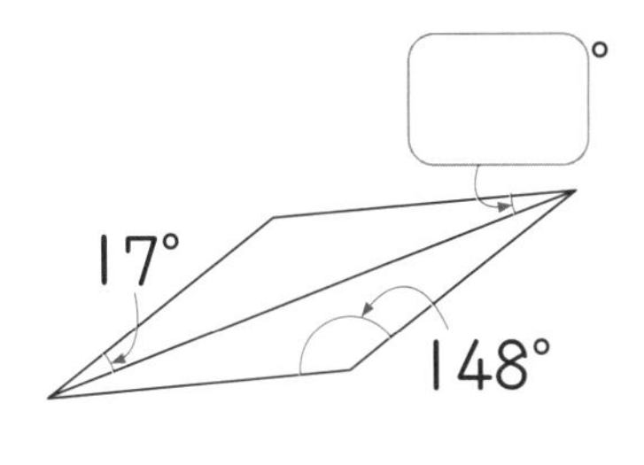

08 마름모

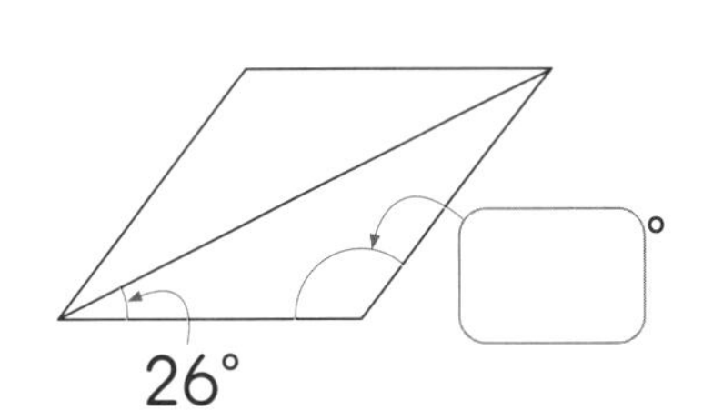

09 직사각형

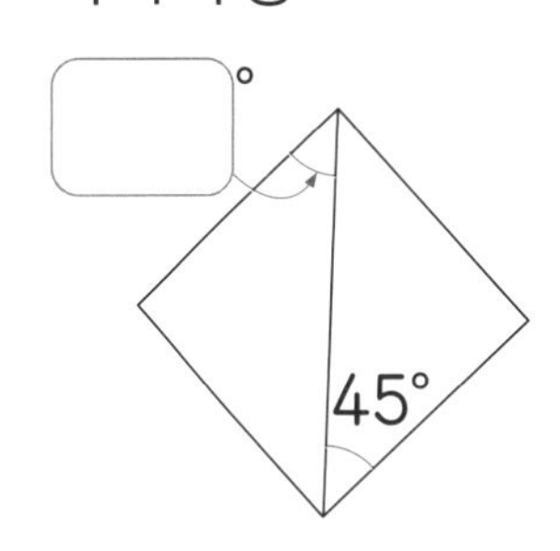

10 평행사변형

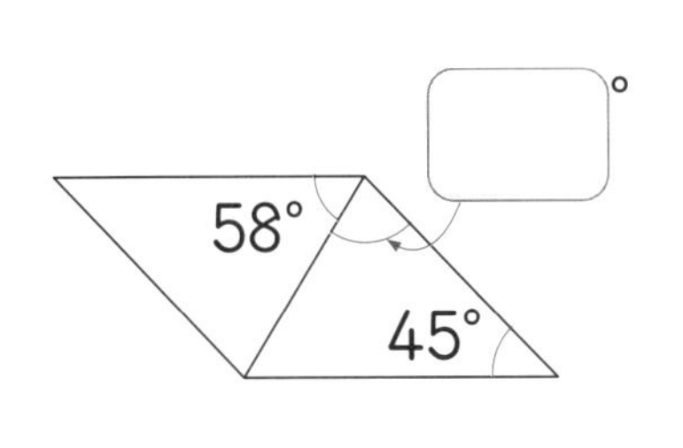

11 마름모

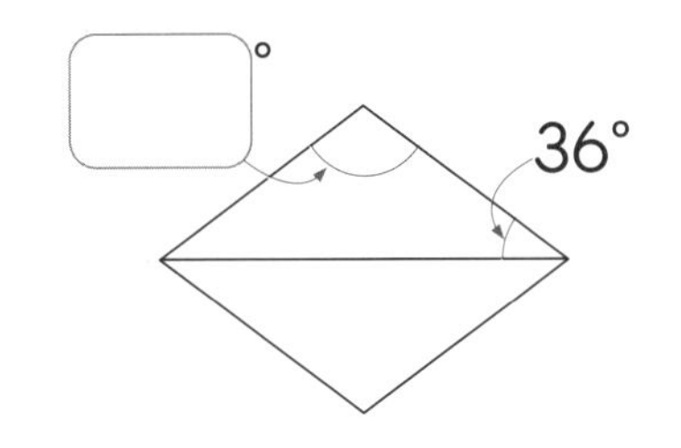

12 직사각형

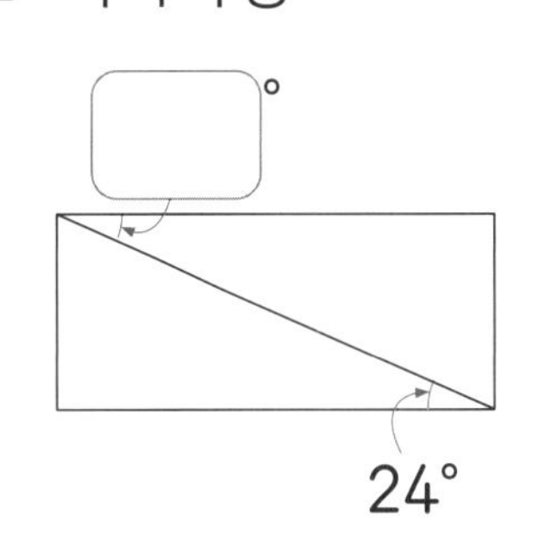

이런 문제를 다루어요

01 □ 안에 알맞은 수를 써넣으세요.

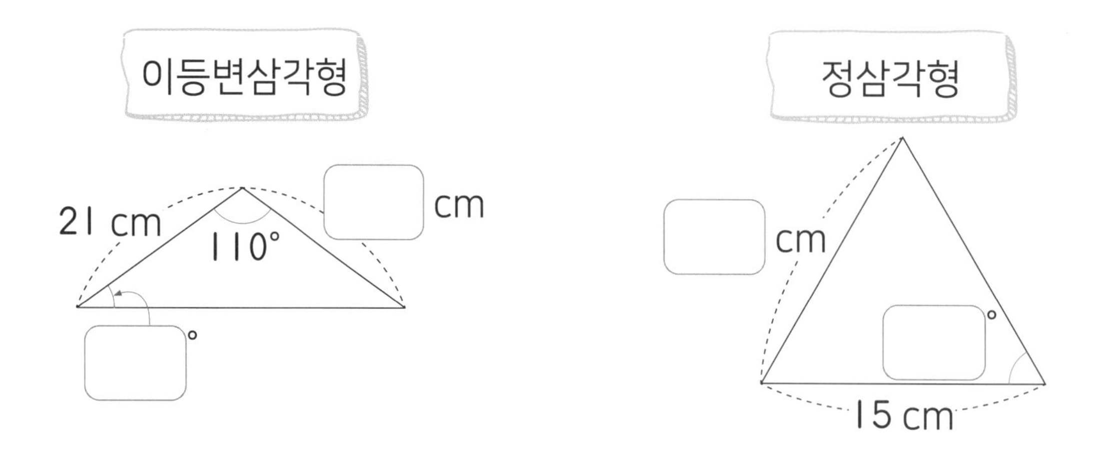

02 사각형 ㄱㄴㄷㄹ에서 직선 가와 수직인 변을 모두 찾아 쓰세요.

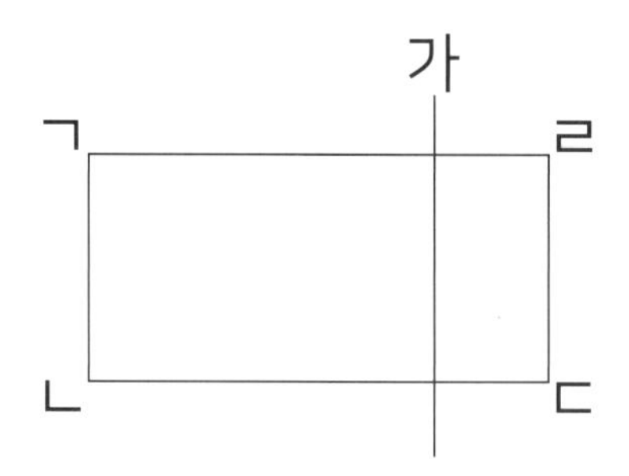

03 삼각형의 세 각 중에서 두 각의 크기입니다. 이등변삼각형이 될 수 있는 것에 ○표, 될 수 없는 것에 △표 하세요.

65°, 50° ( )　　80°, 40° ( )　　25°, 130° ( )

04 다음 도형은 평행사변형인가요? 그렇게 생각한 이유를 쓰세요.

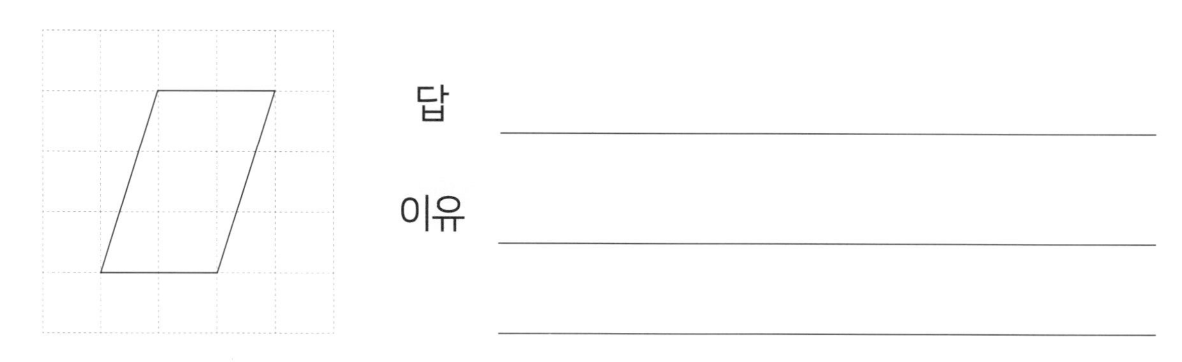

05 평행사변형을 보고 □ 안에 알맞은 수를 써넣으세요.

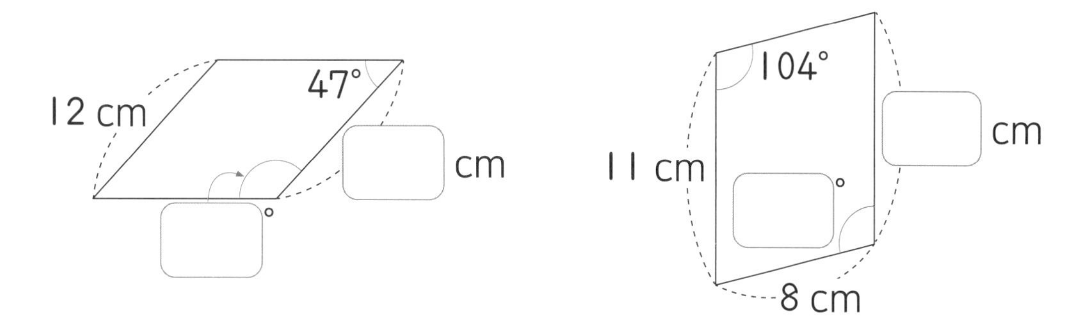

06 주어진 선분을 사용하여 마름모를 완성하세요.

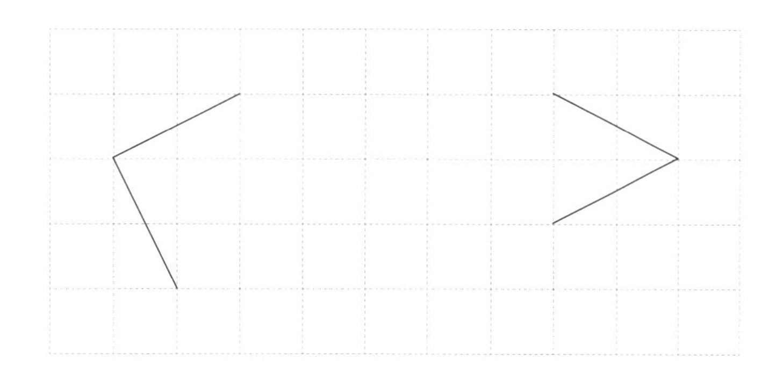

07 마름모를 찾아 기호를 모두 쓰세요.

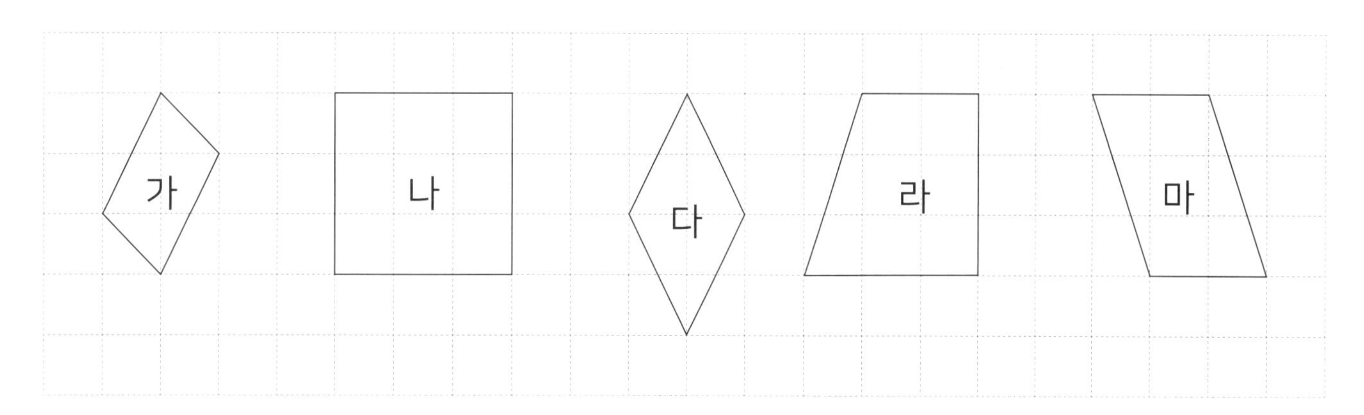

08 직사각형에 대한 설명으로 잘못된 것을 고르세요.

① 네 각의 크기가 모두 같습니다.
② 마주 보는 변의 길이가 서로 같습니다.
③ 마주 보는 두 쌍의 변이 서로 평행합니다.
④ 정사각형이라고 할 수 있습니다.
⑤ 사다리꼴이라고 할 수 있습니다.

공통점과 차이점

다음 도형 중에서 나머지와 다른 하나에 ◯표 하세요.

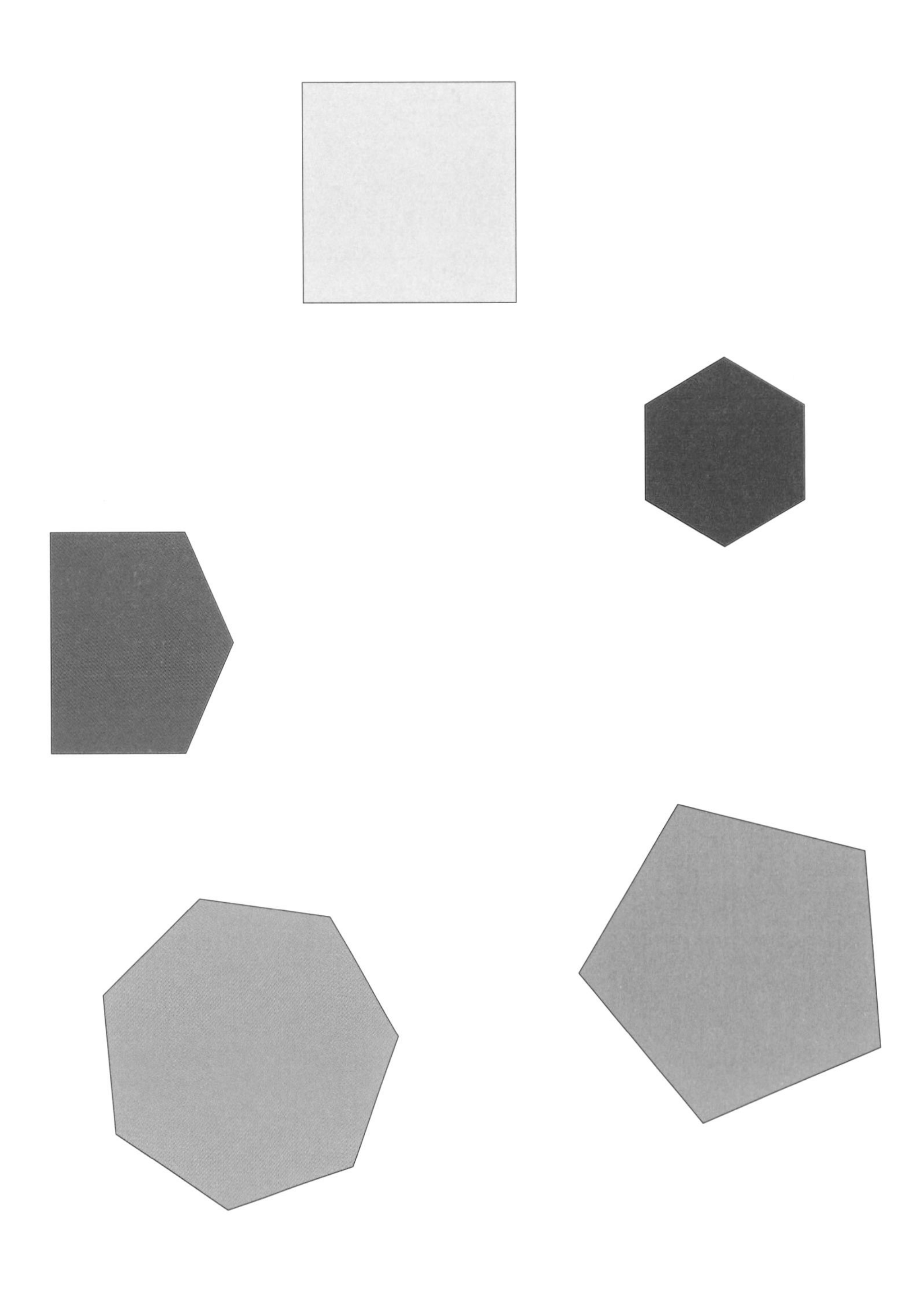

가짓수 구하기와 다각형의 각

차시별로 정답률을 확인하고, 성취도에 O표 하세요.

80% 이상 맞혔어요. 60% ~ 80% 맞혔어요. 60% 이하 맞혔어요.

차시	단원	성취도
27	나뭇가지 그림과 곱셈	
28	악수하기와 리그전	
29	반장과 부반장, 대표 2명 뽑기	
30	선분의 개수, 대각선의 개수	
31	정다각형의 한 각의 크기	
32	가짓수와 다각형의 각 구하기 연습	

탁구 대회에서 4명이 서로 한 번씩 대결하여 승부를 가리기로 했습니다.

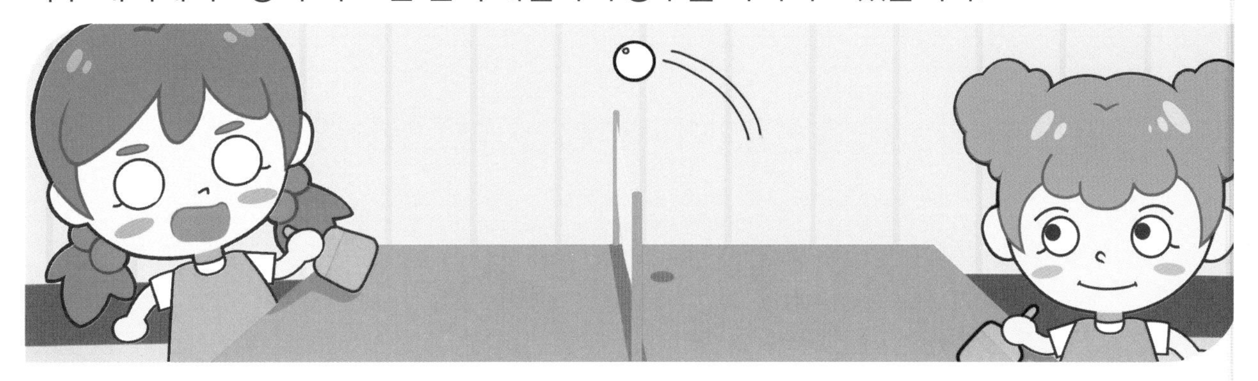

각자 경기를 몇 번 했는지 물었더니 모두 같았습니다.

3번. 3번. 3번. 3번.

4명이 모두 3번씩 경기를 했으면
총 12경기(=4×3)가 진행되었겠구나.

 의 생각에서 잘못된 점은 무엇일까요? 함께 배워 봅시다.

나뭇가지 그림과 곱셈

27 A 나뭇가지 그림을 곱셈식으로 나타내요

빨간 숫자 카드를 십의 자리에, 파란 숫자 카드를 일의 자리에 넣어서 만들 수 있는 두 자리 수의 개수를 알아보려고 합니다.

1	2	1	2	3

여러 가지 경우를 찾을 때 나뭇가지 모양처럼 두 숫자 카드를 잇는 선을 그릴 수 있습니다.

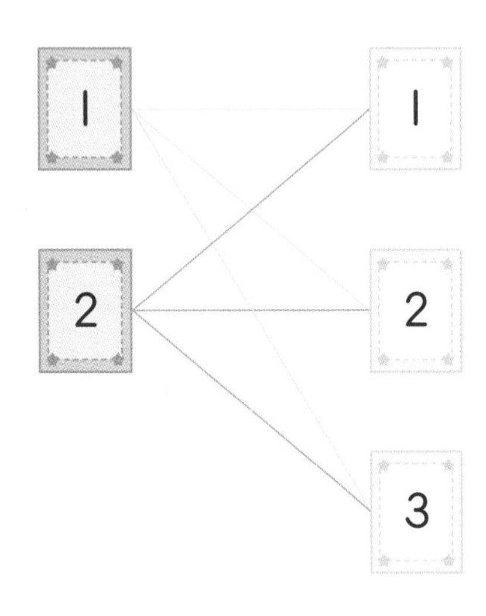

십의 자리 숫자가 1일 때
일의 자리에 1, 2, 3

십의 자리 숫자가 2일 때
일의 자리에 1, 2, 3이 올 수 있으므로

다음과 같은 곱셈식으로 두 자리 수의 개수를 구할 수 있습니다.
$2 \times 3 = 6$(개)

옷을 서로 다르게 입는 방법을 선을 이어 나타내었습니다. □ 안에 알맞은 수를 써넣으세요.

01

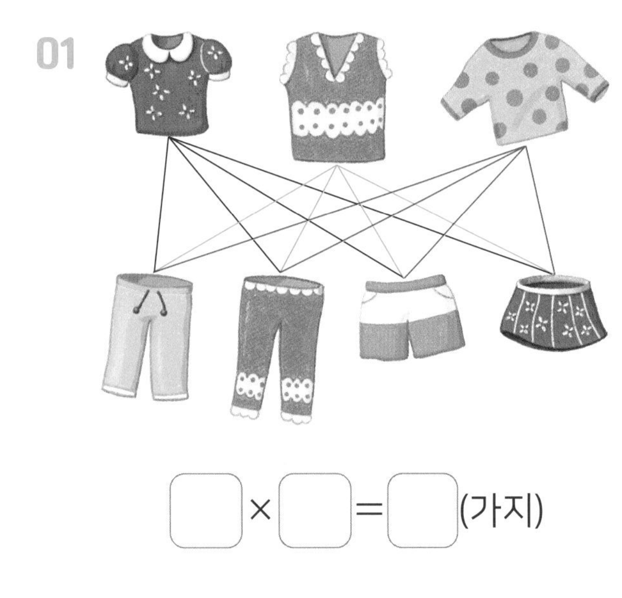

□ × □ = □(가지)

02

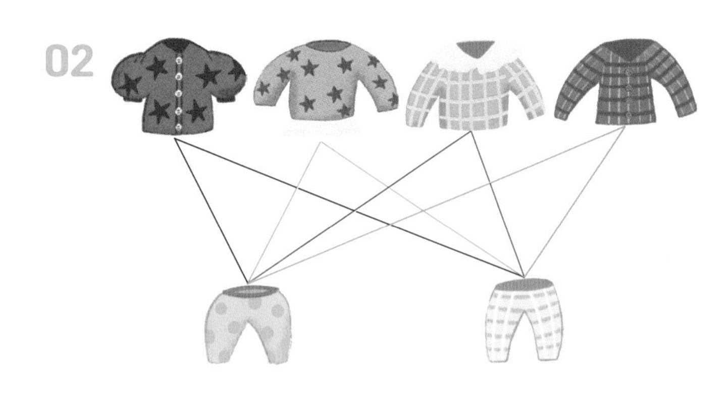

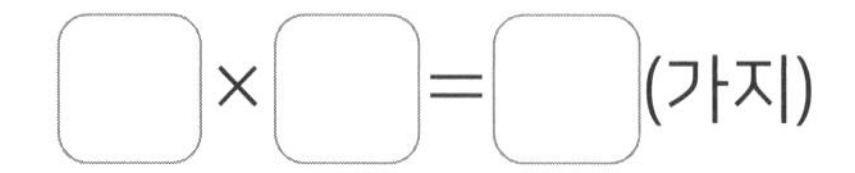

□ × □ = □(가지)

빨간 숫자 카드를 십의 자리에, 파란 숫자 카드를 일의 자리에 넣어서 두 자리 수를 만들려고 합니다. 만들 수 있는 두 자리 수의 개수를 구하세요.

01 1 2 1 2

02 1 2 1 2 3 4

03 2 4 6 1 3

04 3 4 5 1 2 3

05 1 2 3
1 2 3 4 5

06 6 7 8 9
1 2 3 4

07 1 3 5 7 9
6 7

08 1 2 3 4
4 5 6 7 8 9

27 나뭇가지 그림과 곱셈

B 곱셈으로 가짓수를 구해요

☐ 안에 알맞은 수를 써넣으세요.

01 빵 3종류와 음료 4종류가 있습니다. 빵과 음료를 하나씩 고를 수 있는 방법은 모두 몇 가지인가요?

☐ × ☐ = ☐ (가지)

02 셔츠 2가지와 바지 5가지 중 1개씩 골라 옷을 입는 방법은 모두 몇 가지인가요?

☐ × ☐ = ☐ (가지)

03 두 사람이 각자 사과, 포도, 배, 수박, 참외 중 하나씩 고르려 합니다. 고를 수 있는 방법은 모두 몇 가지인가요? 단, 두 사람이 서로 같은 과일을 고를 수 있습니다.

☐ × ☐ = ☐ (가지)

04 집에서 공원으로 가는 길은 5가지, 공원에서 학교로 가는 길은 3가지가 있습니다. 집에서 공원을 거쳐 학교에 가는 길은 모두 몇 가지인가요?

☐ × ☐ = ☐ (가지)

05 주사위를 2번 굴려 처음에 나온 숫자는 십의 자리에, 두 번째 나온 숫자는 일의 자리에 씁니다. 만들 수 있는 두 자리 수는 모두 몇 개인가요?

☐ × ☐ = ☐ (개)

06 알파벳 A, B, C, D, e, f, g 중 대문자와 소문자를 하나씩 고르는 방법은 모두 몇 가지인가요?

☐ × ☐ = ☐ (가지)

공부한 날 : 월 일

□ 안에 알맞은 수를 써넣으세요.

01 남자 6명과 여자 5명이 있습니다. 남자 대표와 여자 대표를 각각 한 명씩 뽑는 방법은 모두 몇 가지인가요?

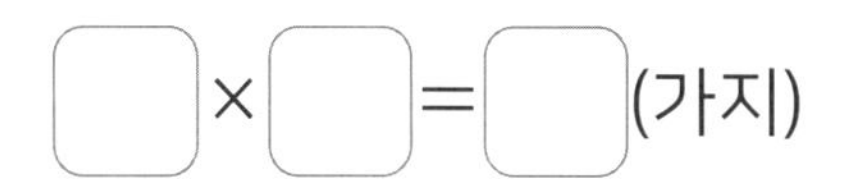

02 연필 6자루, 볼펜 4자루가 있습니다. 연필과 볼펜을 각각 한 자루씩 고르는 방법은 모두 몇 가지인가요?

03 9가지 색의 색연필로 다음 그림을 색칠하는 방법은 모두 몇 가지인가요? 단, 두 칸 모두 같은 색으로 칠할 수 있습니다.

□ × □ = □(가지)

04 두 사람이 가위바위보를 할 때, 나올 수 있는 결과는 모두 몇 가지인가요?

□ × □ = □(가지)

05 모자 4가지, 셔츠 4가지, 바지 3가지 중 1개씩 골라 옷을 입는 방법은 모두 몇 가지인가요?

□ × □ × □ = □(가지)

06 주머니에 1, 2, 3, 4가 각각 하나씩 적힌 공 네 개가 있습니다. 주머니에서 공을 뽑아 나온 숫자를 십의 자리에 쓰고, 공을 넣은 후 다시 뽑아서 나온 숫자를 일의 자리에 씁니다. 만들 수 있는 두 자리 수는 모두 몇 개인가요?

□ × □ = □(개)

4 PART

28 A 서로 한 번씩 악수하기도 곱셈으로 구할 수 있어요

서로 한 번씩 악수를 할 때 악수를 몇 번 하는지 선을 그려서 나타낼 수 있습니다.

5명이 악수를 하면 다음과 같습니다.

5명의 사람이 서로 한 번씩 악수를 하면 한 사람이 똑같이 4번씩 악수를 합니다. 악수는 두 사람이 서로 하는 것이므로 사람의 수와 한 사람이 하는 악수의 수를 곱한 후 2로 나누어 악수의 횟수를 $5 \times 4 \div 2 = 10$(번)으로 구할 수 있습니다.

악수를 한 번 해도 두 사람이 악수한 횟수를 더하면 2번이지? 5명이 4번씩 악수한다고 $5 \times 4 = 20$(번)으로 세면 실제로 악수한 횟수의 2배가 되는 거야.

서로 한 번씩 악수를 할 때 사람 수에 따라 악수하는 횟수를 구하려고 합니다. □ 안에 알맞은 수를 써넣으세요.

01 3명이 한 번씩 악수하기

□ × □ ÷ □ = □(번)

02 4명이 한 번씩 악수하기

□ × □ ÷ □ = □(번)

03 5명이 한 번씩 악수하기

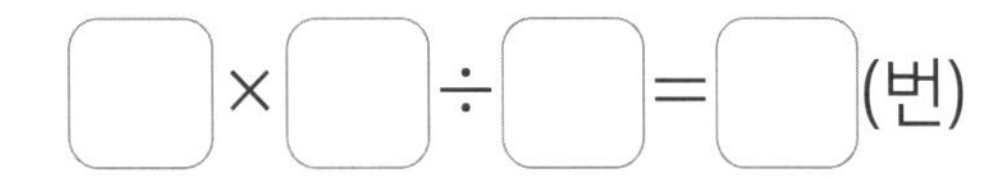

□ × □ ÷ □ = □(번)

04 6명이 한 번씩 악수하기

□ × □ ÷ □ = □(번)

서로 한 번씩 악수를 할 때 사람 수에 따라 악수하는 횟수를 구하세요.

한 사람이 몇 번씩 악수하는지 먼저 생각해.

01 2명이 한 번씩 악수하기

02 7명이 한 번씩 악수하기

03 8명이 한 번씩 악수하기

04 9명이 한 번씩 악수하기

05 10명이 한 번씩 악수하기

06 11명이 한 번씩 악수하기

07 12명이 한 번씩 악수하기

08 13명이 한 번씩 악수하기

28 악수하기와 리그전

B 리그전 경기 수도 악수하기와 같아요

여러 사람이 참가한 대회에서 순위를 가리는 방법 중 서로 한 번씩 모두 겨루어 순위를 정하는 방식을 리그전 방식이라고 합니다.

4명이 참가한 오목 대회가 리그전으로 진행될 때 경기 수를 선을 그려서 나타내면 다음과 같습니다.

한 사람이 다른 사람과 3번씩 경기하고, 한 경기는 두 사람이 함께 하기 때문에 다음 식으로 경기 수를 구할 수 있습니다.

$$4 \times 3 \div 2 = 6(\text{경기})$$

리그전 방식으로 순위를 가리는 축구 대회에 참가한 팀의 수에 따라 이 대회의 총 경기 수를 구하려고 합니다. □ 안에 알맞은 수를 써넣으세요.

01 3팀

□ × □ ÷ □ = □(경기)

02 5팀

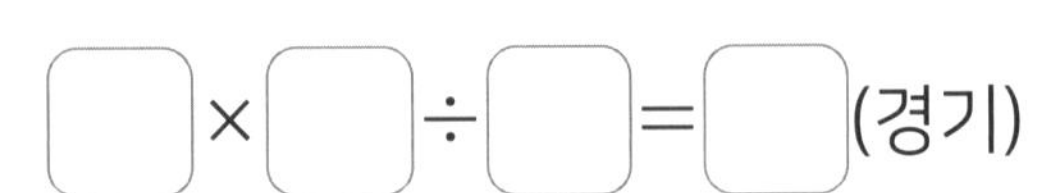

03 6팀

04 7팀

□ × □ ÷ □ = □(경기)

리그전 방식으로 순위를 가리는 바둑 대회에 참가한 사람의 수에 따라 이 대회의 총 경기 수를 구하세요.

01 4명이 참가한 경기 수

02 8명이 참가한 경기 수

03 9명이 참가한 경기 수

04 10명이 참가한 경기 수

05 11명이 참가한 경기 수

06 12명이 참가한 경기 수

07 13명이 참가한 경기 수

08 14명이 참가한 경기 수

반장과 부반장, 대표 2명 뽑기

29 A 곱셈으로 반장과 부반장을 뽑는 방법의 수를 구할 수 있어요

4명의 후보 중에서 반장과 부반장을 1명씩 뽑으려고 합니다.

나뭇가지 그림으로 나타내면 곱셈으로 구하는 방법을 이해할 수 있습니다. 반장으로 뽑히는 사람을 먼저 정하면 4가지이고, 각각 부반장으로 뽑힐 사람이 3명씩 똑같이 있습니다.

따라서 4명 중에서 반장과 부반장을 뽑는 방법은 $4 \times 3 = 12$(가지)입니다.

후보의 수에 따라 반장과 부반장을 뽑는 방법을 나뭇가지 그림으로 나타내었습니다. □ 안에 알맞은 수를 써넣으세요.

01 후보 3명

①—② ②—① ③—①
 \③ \③ \②

□ × □ = □(가지)

02 후보 5명

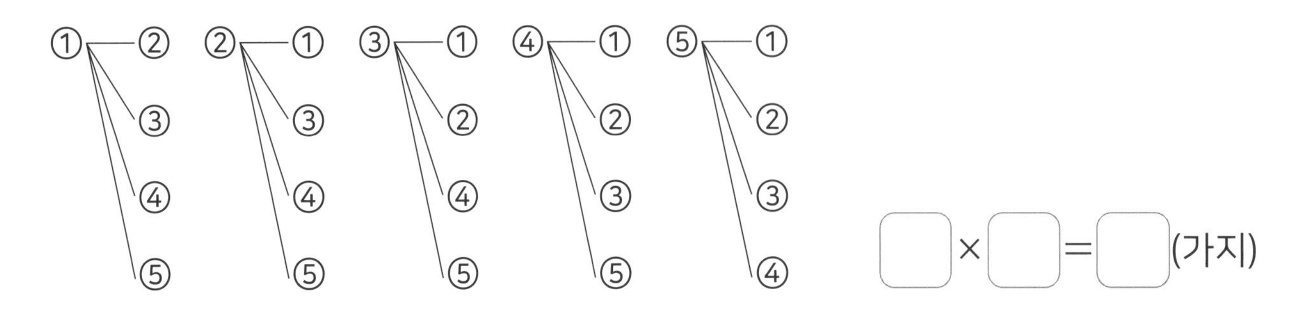

□ × □ = □(가지)

후보의 수에 따라 반장과 부반장을 1명씩 뽑는 방법의 가짓수를 구하세요.

01 6명의 후보

02 7명의 후보

03 8명의 후보

04 9명의 후보

05 10명의 후보

06 11명의 후보

07 12명의 후보

08 14명의 후보

29 B 반장과 부반장, 대표 2명 뽑기
대표 2명을 뽑는 것은 악수하기처럼 생각해요

4명의 후보 중에서 대표 2명을 뽑으려고 합니다.

반장, 부반장은 역할이 다른 2명이고, 대표 2명은 역할이 같은 2명이라는 점이 다릅니다. 대표 2명으로 선택되는 사람을 선으로 이어서 표시하면 악수하기와 똑같이 생각할 수 있습니다.

$4 \times 3 \div 2 = 6$(가지)

후보의 수에 따라 대표 2명을 뽑는 방법의 가짓수를 구하려고 합니다. □ 안에 알맞은 수를 써넣으세요.

01 3명의 후보

□ × □ ÷ □ = □(가지)

02 6명의 후보

□ × □ ÷ □ = □(가지)

03 8명의 후보

□ × □ ÷ □ = □(가지)

04 12명의 후보

□ × □ ÷ □ = □(가지)

후보의 수에 따라 대표 2명을 뽑는 방법의 가짓수를 구하세요.

01 4명의 후보

02 5명의 후보

03 7명의 후보

04 9명의 후보

05 10명의 후보

06 11명의 후보

07 13명의 후보

08 15명의 후보

A 선분의 개수를 구해요

한 직선 위에 4개의 점 ㉠, ㉡, ㉢, ㉣이 있습니다.

선분은 두 점을 이어서 그리기 때문에 두 점을 정하면 1개의 선분이 결정됩니다. 점 4개가 한 직선 위에 있을 때 그릴 수 있는 선분의 개수는 아래 그림과 같이 점을 둥글게 놓았을 때 그릴 수 있는 선분의 개수와 동일하고, 4명이 서로 한 번씩 악수하는 횟수를 구하는 방법과 같습니다.

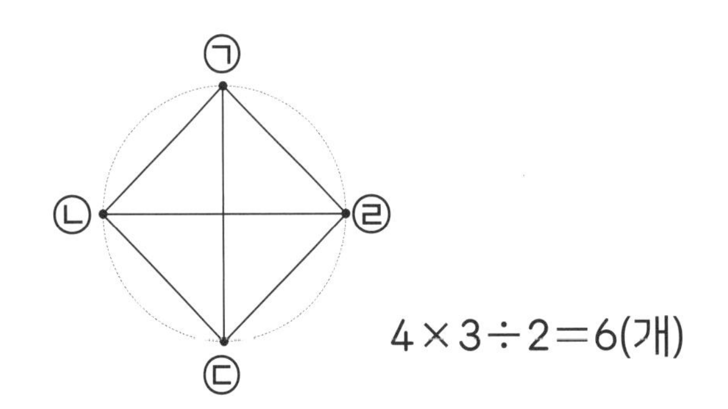

$4\times3\div2=6$(개)

선분은 점 2개만 고르면 정해지기 때문에 악수하기와 구하는 방법이 똑같지만 직선이나 반직선은 다른 점을 골라도 같은 경우가 있어서 이 방법을 사용할 수가 없어.

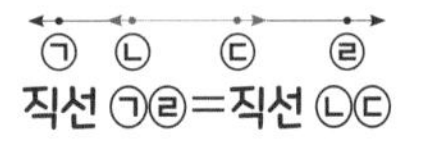

직선 ㉠㉣=직선 ㉡㉢

한 직선 위의 서로 다른 두 점을 이어 그릴 수 있는 선분의 개수를 구하려고 합니다. □ 안에 알맞은 수를 써넣으세요.

01 ㉠ ㉡ ㉢

□×□÷□=□(개)

02 ㉠ ㉡ ㉢ ㉣ ㉤

□×□÷□=□(개)

03 ㉠ ㉡ ㉢ ㉣ ㉤ ㉥

□×□÷□=□(개)

서로 다른 점의 개수에 따라 두 점을 이어 그릴 수 있는 선분의 개수를 구하세요.

01 4개의 점

02 7개의 점

03 8개의 점

04 9개의 점

05 10개의 점

06 11개의 점

07 12개의 점

08 14개의 점

30 B 선분의 개수, 대각선의 개수
한 점에서 그릴 수 있는 대각선의 개수를 이용해요

다각형에서 서로 이웃하지 않는 두 꼭짓점을 이은 선분을 대각선이라고 합니다.

다음 그림은 육각형의 대각선을 그린 것입니다. 다각형의 대각선의 개수를 악수하기와 같은 원리로 생각할 수 있습니다.

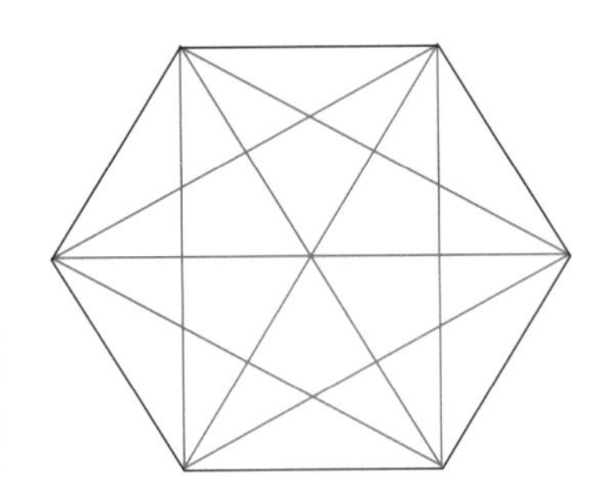

한 점에서 그릴 수 있는 대각선은 3개입니다.

점은 모두 6개이므로 6개의 점은 각각 3개씩 대각선을 그릴 수 있지만 이렇게 생각하면 1개의 대각선을 양 끝에서 두 번씩 세게 되므로 2로 나누어 줍니다.

$$6 \times 3 \div 2 = 9(\text{개})$$

●각형일 때 한 점에서 그릴 수 있는 대각선의 개수는 (● − 3)개야.

한 점은 자기 자신과 이을 수 없고, 이웃한 점은 이어도 변이 되기 때문이야.

맞아. 그래서 ●각형이면 다음과 같은 식으로 대각선을 구할 수 있어.

●각형의 대각선의 개수 = ● × (● − 3) ÷ 2

□ 안에 알맞은 수를 써넣어 대각선의 개수를 구하세요.

01

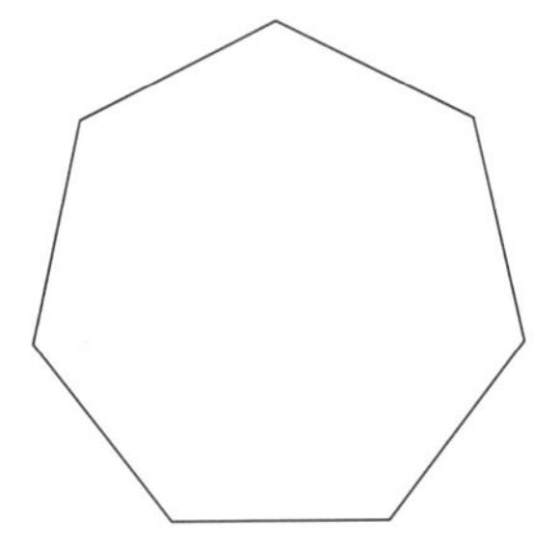

□ × □ ÷ □ = □(개)

02

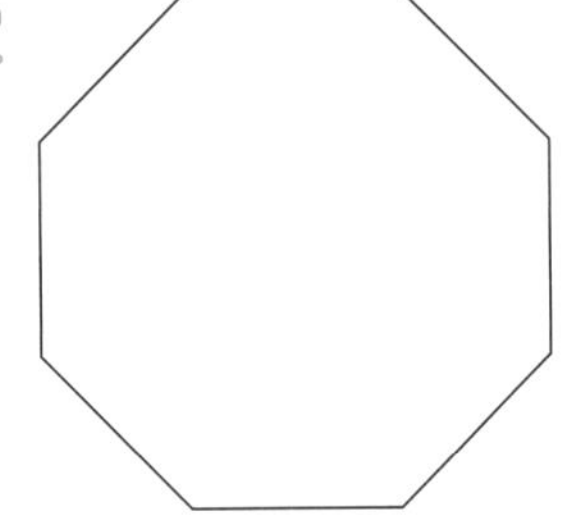

□ × □ ÷ □ = □(개)

공부한 날 : 월 일

다각형의 대각선의 개수를 구하세요.

5개의 점으로 그릴 수 있는
선분의 수에서 변의 수인 5를
빼도 오각형의 대각선의 개수네!

01

02

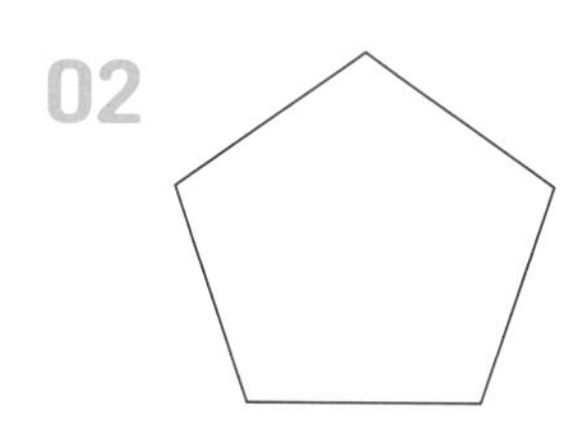

03 구각형

04 십각형

05 십일각형

06 십이각형

07 십삼각형

08 십사각형

A 다각형의 각의 크기의 합을 식으로 구할 수 있어요

다각형의 각의 크기의 합은 다각형을 한 꼭짓점에서 그릴 수 있는 대각선을 따라 잘랐을 때 만들어지는 삼각형의 개수를 이용합니다.

다음 그림은 육각형의 한 점에서 그릴 수 있는 대각선을 모두 그린 것입니다.

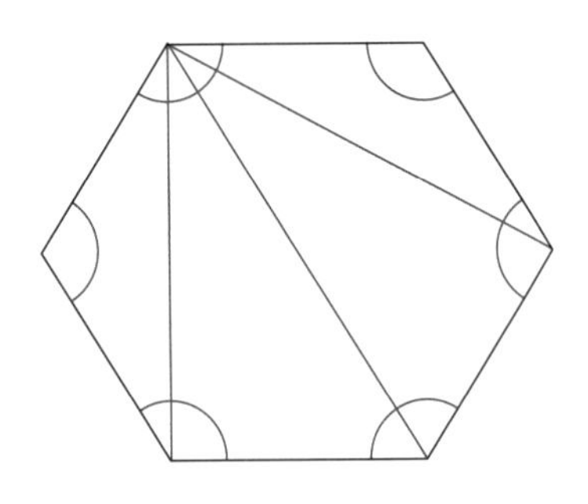

한 점에서 그릴 수 있는 대각선은 3개입니다.

대각선을 따라 육각형을 자르면 4개의 삼각형으로 나누어집니다. 따라서 육각형의 여섯 개의 각의 크기의 합을 다음과 같은 식으로 구할 수 있습니다.

$$180° \times 4 = 720°$$

●각형일 때 한 점에서 그릴 수 있는 대각선의 개수가 (● − 3)개였지?
잘리지는 삼각형의 개수는 대각선의 개수보다 1개가 많아.
식으로 나타내면 삼각형의 개수는 (● − 2)개야.
따라서 ●각형의 각의 크기의 합은 다음 식으로 나타낼 수 있어.

●각형의 각의 크기의 합 = 180° × (● − 2)

□ 안에 알맞은 수를 써넣어 다각형의 각의 크기의 합을 구하세요.

01

$180° \times$ □ $=$ □°

02

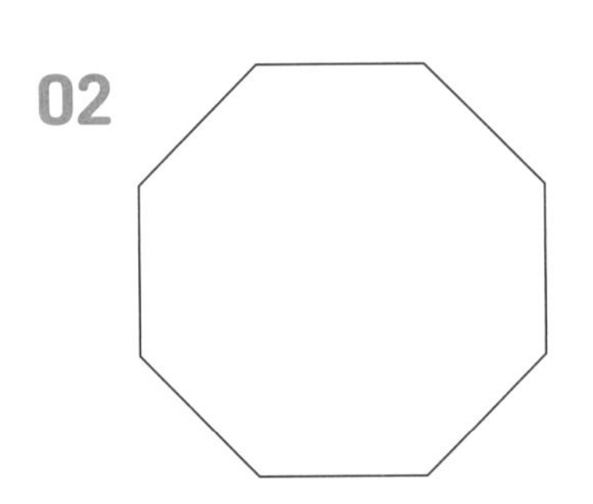

$180° \times$ □ $=$ □°

공부한 날 : 월 일

다각형의 각의 크기의 합을 구하세요.

01

02 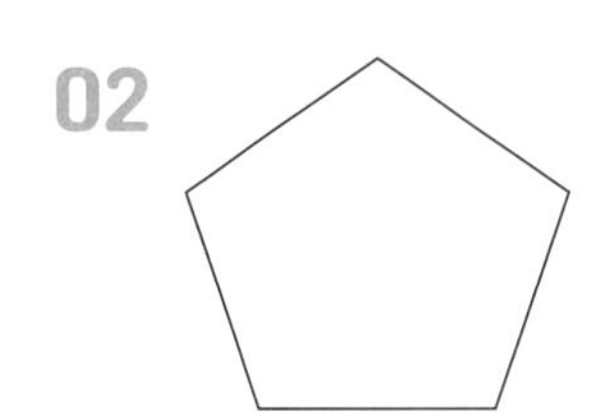

03 구각형

04 십각형

05 십일각형

06 십이각형

07 십삼각형

08 십사각형

B 정다각형의 한 각의 크기를 구할 수 있어요

정다각형의 한 각의 크기를 구하세요.

01

02

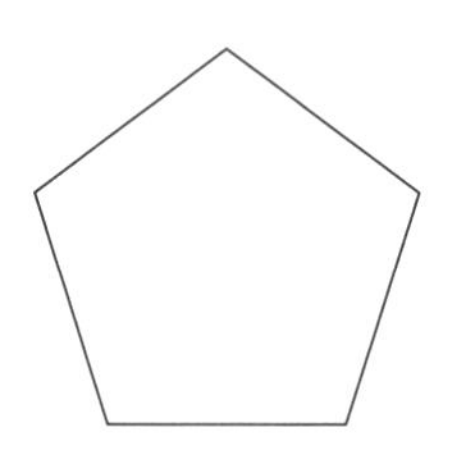

03 정육각형

04 정팔각형

05 정구각형

06 정십각형

07 정십이각형

08 정이십각형

정다각형 2개를 붙인 그림에서 표시된 각의 크기를 구하세요.

01

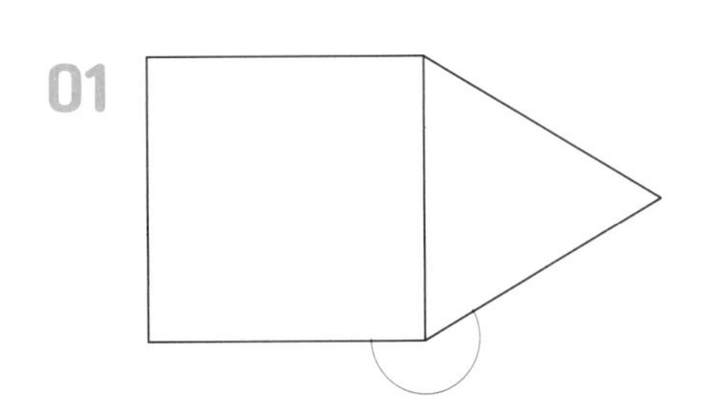

02

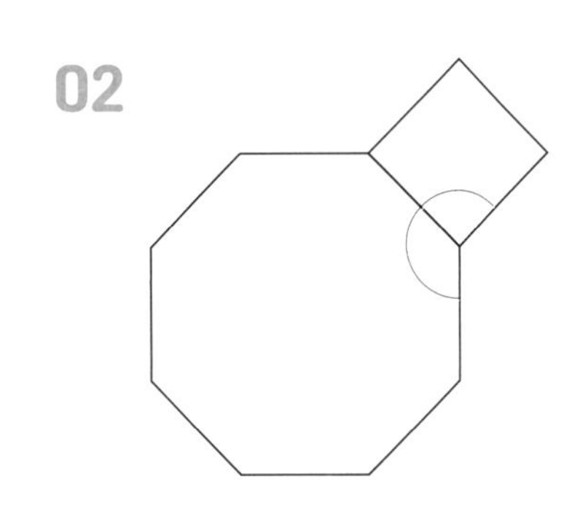

03

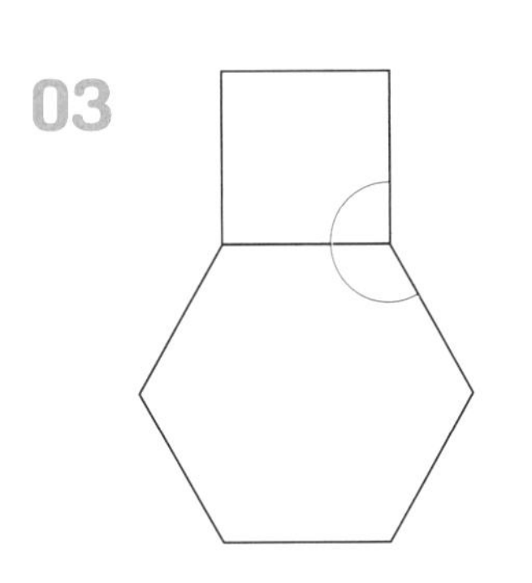

04

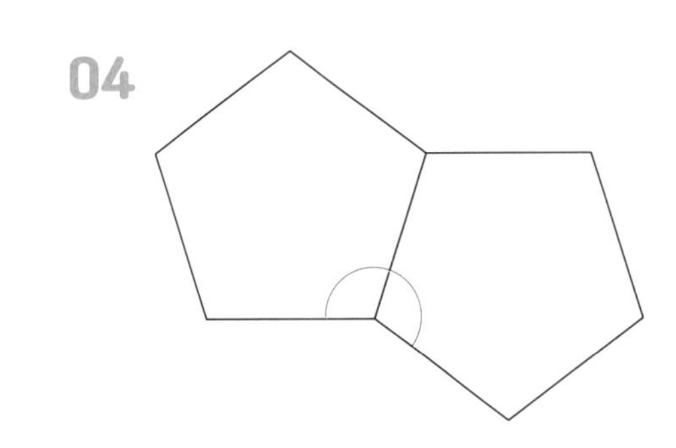

05

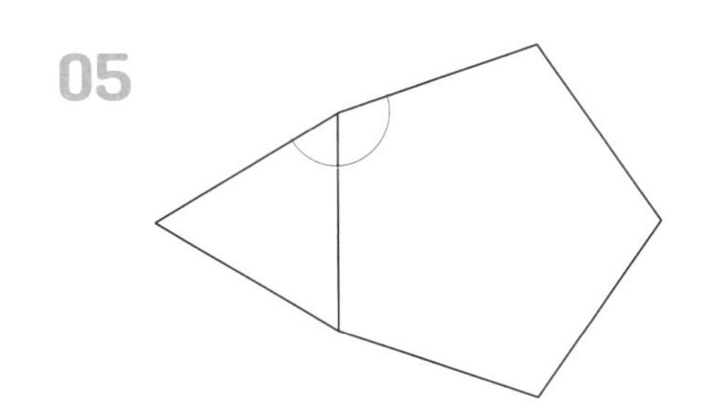

06

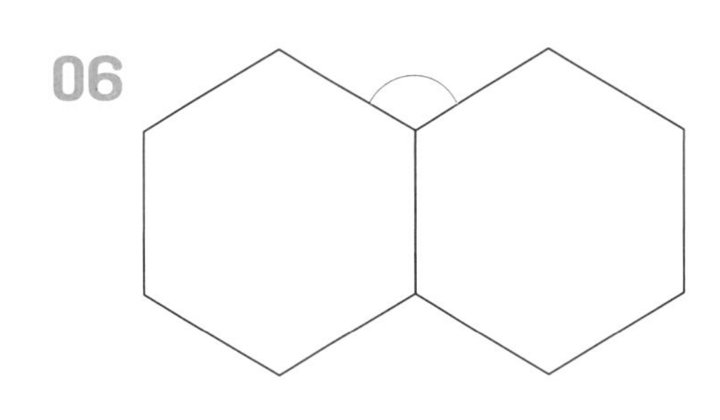

07

08

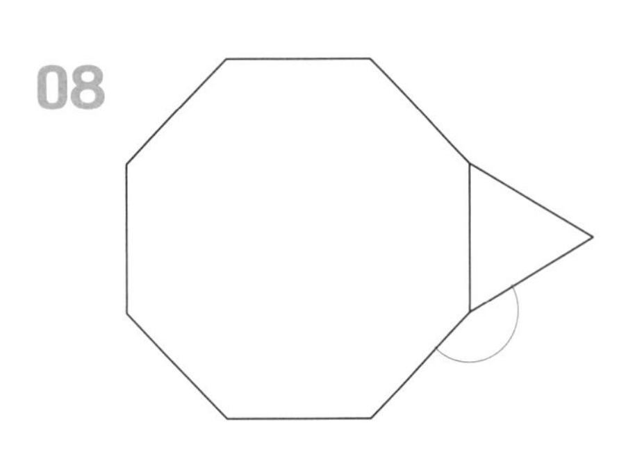

A 공부한 것을 복습해요

물음에 알맞은 답을 구하세요.

01 원 위에 6개의 점이 일정한 간격으로 있습니다. 두 점을 이어 그릴 수 있는 선분의 개수는 모두 몇 개인가요?

02 7명의 후보 중에서 반장과 부반장을 1명씩 뽑는 방법은 모두 몇 가지인가요?

03 리그전 방식으로 순위를 가리는 대회에 모두 10팀이 참가했습니다. 이 대회의 경기는 모두 몇 경기 열리나요?

04 12명이 서로 한 번씩 악수를 합니다. 악수는 모두 몇 번 하나요?

05 십삼각형의 각의 크기의 합을 구하세요.

06 다음과 같이 정다각형 2개를 붙인 그림에서 표시된 각의 크기를 구하세요.

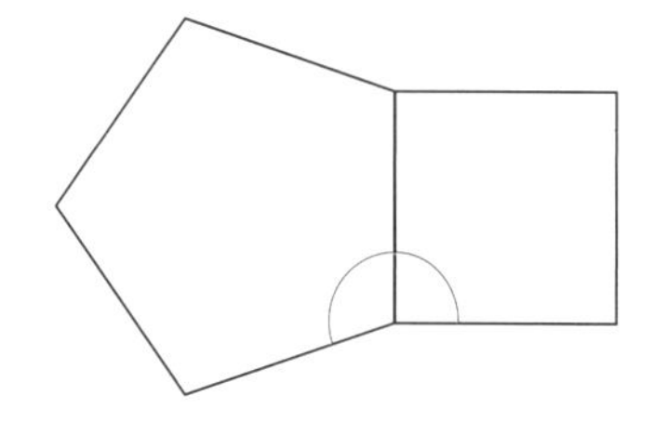

물음에 알맞은 답을 구하세요.

01 리그전 방식으로 순위를 가리는 대회에 모두 8팀이 참가했습니다. 이 대회의 경기는 모두 몇 경기 열리나요?

02 8명의 후보 중에서 대표 2명을 뽑는 방법은 모두 몇 가지인가요?

03 한 직선 위에 5개의 점이 일정한 간격으로 있습니다. 두 점을 이어 그릴 수 있는 선분의 개수는 모두 몇 개인가요?

04 칠각형의 대각선의 개수를 구하세요.

05 정십각형의 한 각의 크기를 구하세요.

06 다음과 같이 정다각형 2개를 붙인 그림에서 표시된 각의 크기를 구하세요.

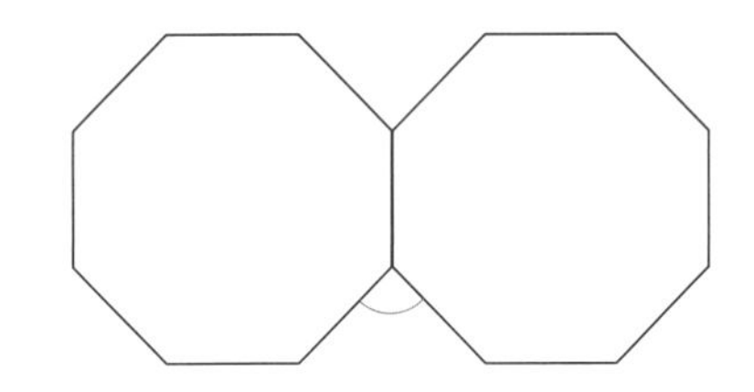

이런 문제를 다루어요

01 다각형에 대각선을 모두 그어 보세요.

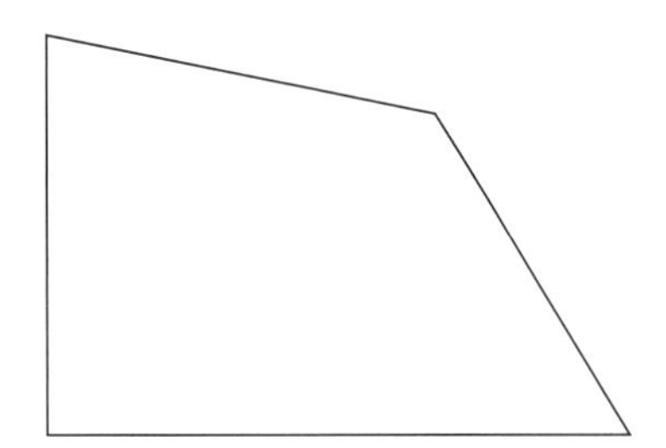

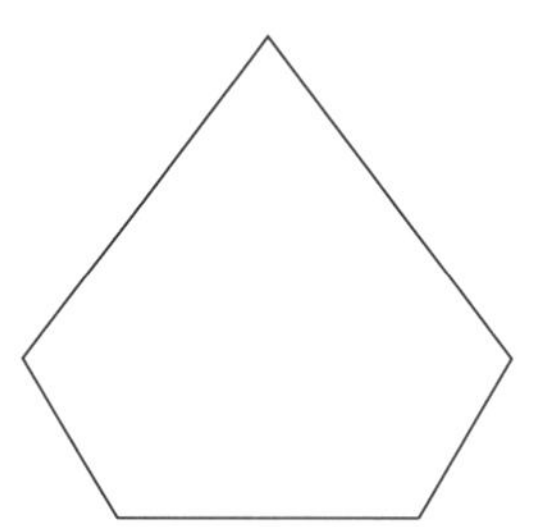

02 육각형에 대각선을 모두 그어 보고 대각선의 수를 구하세요.

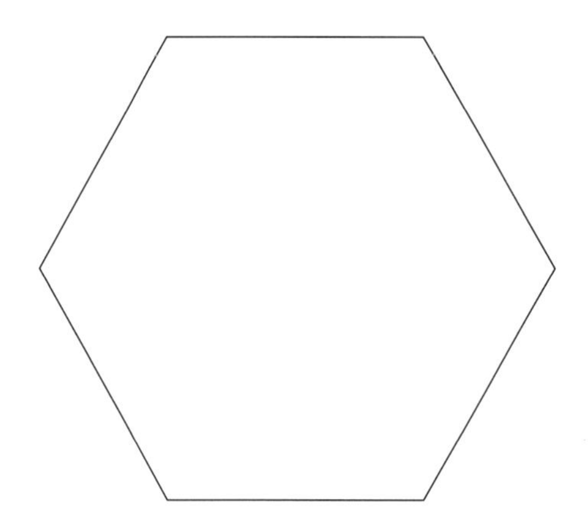

03 대각선의 수가 많은 순서대로 기호를 쓰세요.

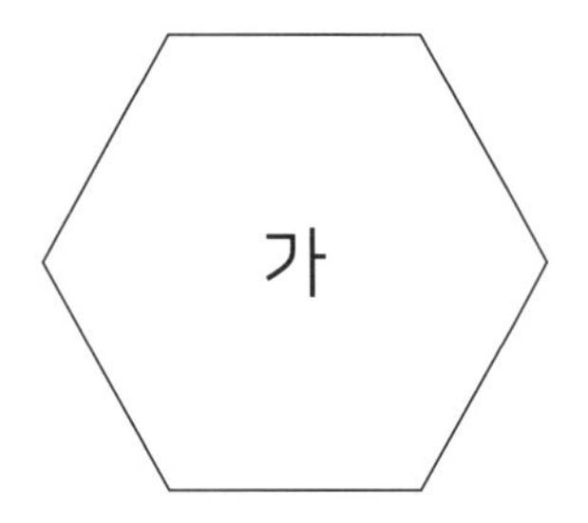

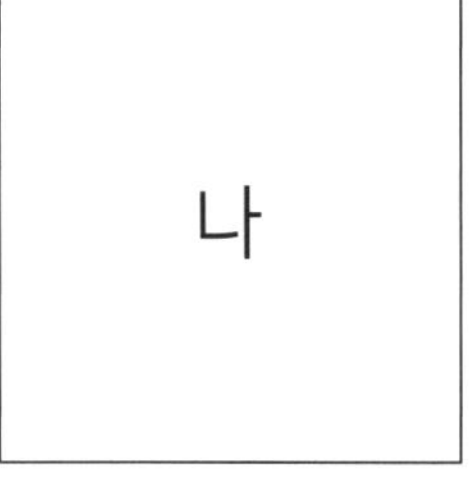

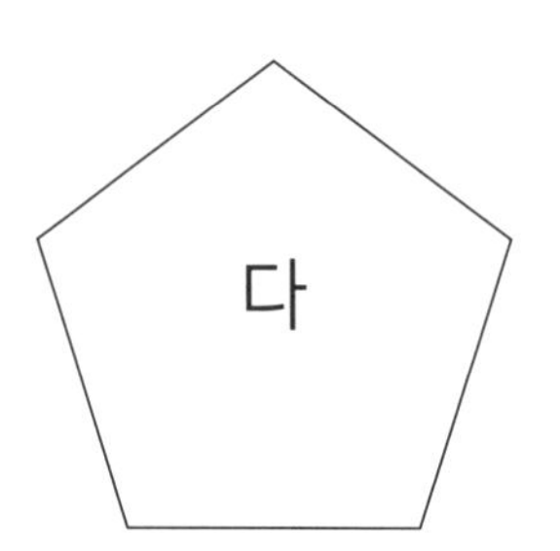

04 다각형을 [보기]와 같이 몇 개의 삼각형으로 나누고, 각의 합을 구하세요.

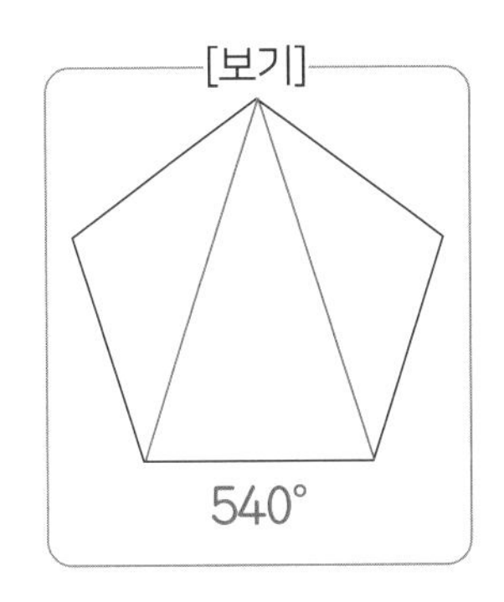

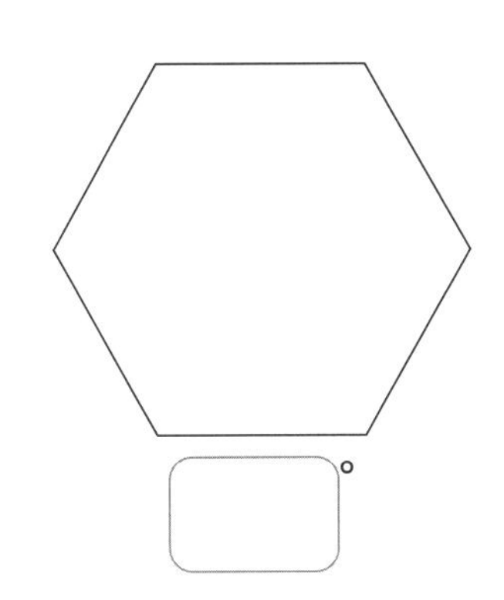

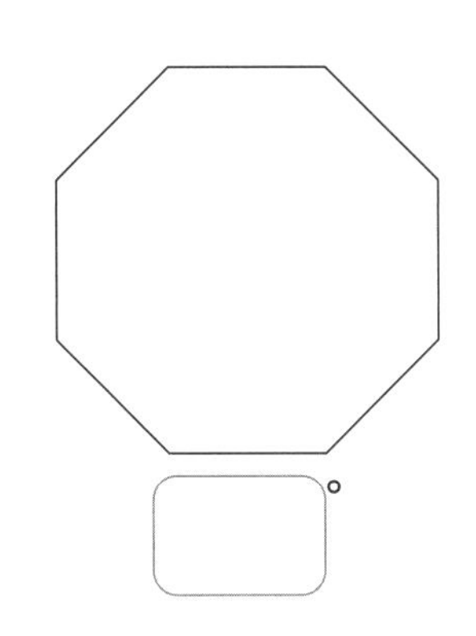

05 정오각형과 정육각형의 한 각의 크기를 구하세요.

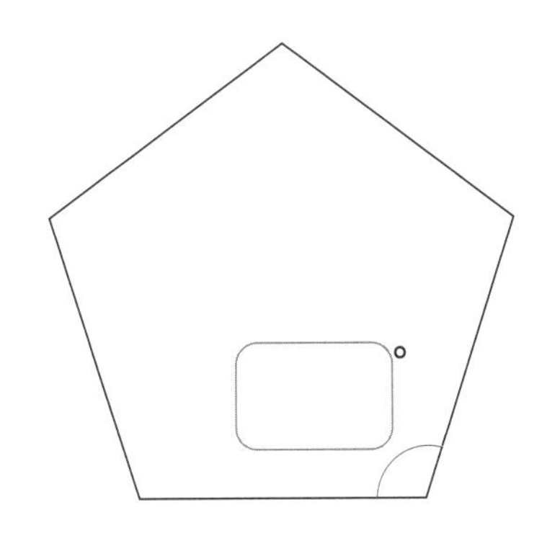

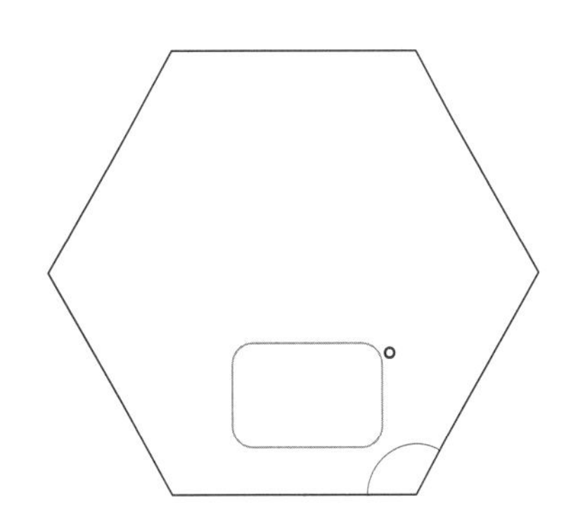

06 표시된 꼭짓점에서 그을 수 있는 대각선을 모두 그어 보고, 알 수 있는 점을 쓰세요.

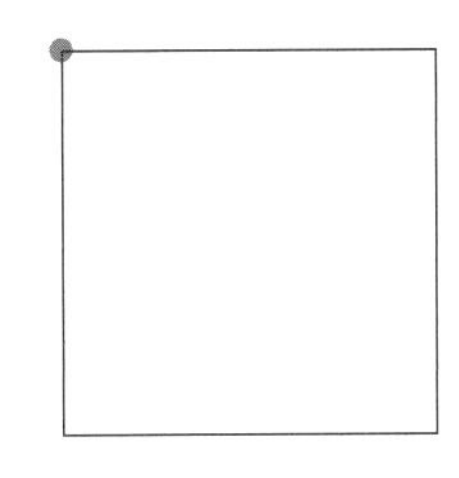

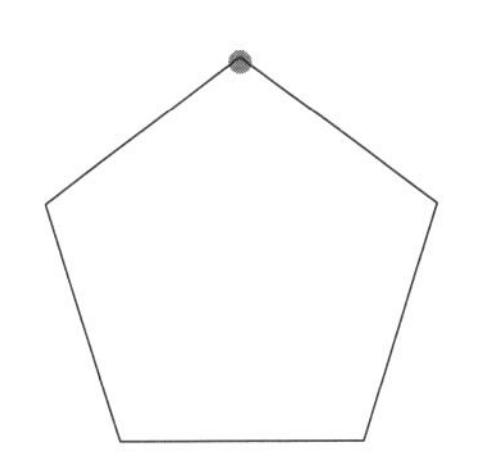

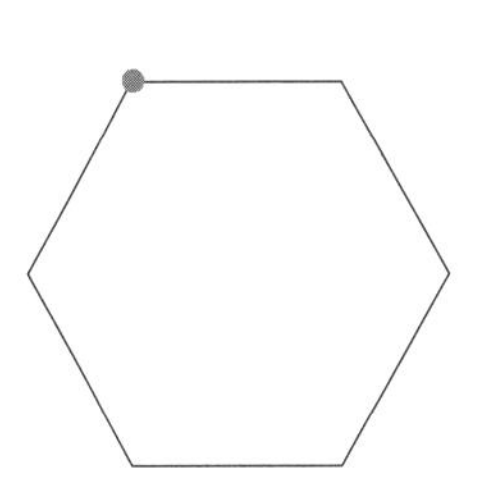

알 수 있는 점 ____________________

크롬키 퍼즐

두 칸 사이에 흰색 원이 있다면 그 두 칸에 적힌 수들은 1 차이가 나고, 검은색 원이 있다면 두 수 중 큰 수가 작은 수의 2배입니다. 세로와 가로에는 1부터 4까지의 수가 모두 한 번씩만 들어갑니다. 규칙에 맞게 수를 채워 넣으세요.

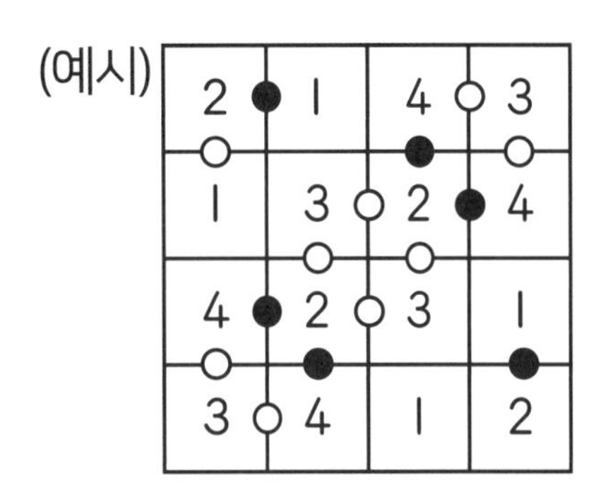

1과 2 사이에는 ●이랑 ○, 둘 다 올 수 있겠다! 주의해야겠는걸?

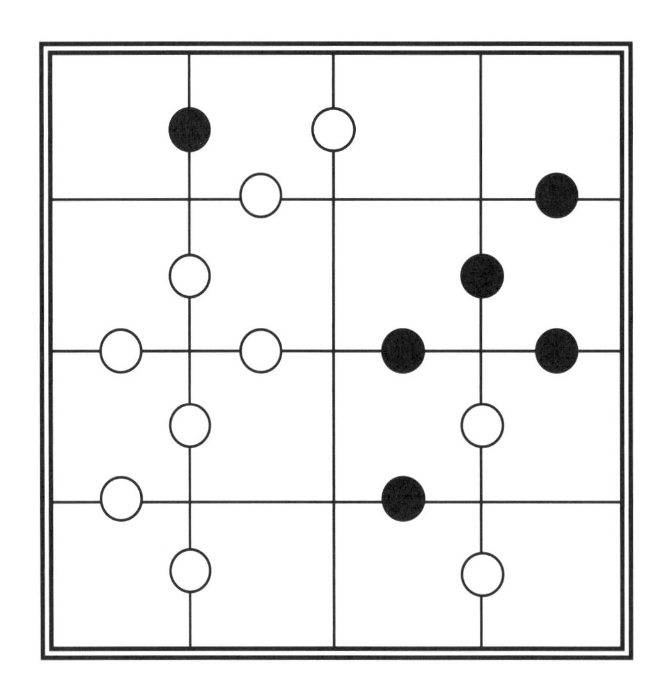

PART 1. 분수의 덧셈과 뺄셈

01A ▶ 10쪽

01 4　02 4　03 8
04 5　05 13　06 6
07 12　08 6　09 11
10 5　11 10　12 11
13 7　14 8　15 7

▶ 11쪽

01 $\frac{7}{14}$　02 $\frac{15}{16}$　03 $\frac{6}{8}$
04 $\frac{5}{7}$　05 $\frac{5}{10}$　06 $\frac{12}{17}$
07 $\frac{5}{11}$　08 $\frac{2}{4}$　09 $\frac{9}{15}$
10 $\frac{10}{12}$　11 $\frac{13}{19}$　12 $\frac{12}{14}$
13 $\frac{15}{16}$　14 $\frac{7}{9}$　15 $\frac{10}{13}$
16 $\frac{5}{8}$　17 $\frac{13}{18}$　18 $\frac{18}{21}$

01B ▶ 12쪽

01 2　02 2　03 3
04 7　05 7　06 1
07 2　08 4　09 3
10 6　11 2　12 4
13 6　14 3　15 3

▶ 13쪽

01 $\frac{5}{15}$　02 $\frac{12}{18}$　03 $\frac{4}{9}$
04 $\frac{3}{14}$　05 $\frac{5}{13}$　06 $\frac{8}{17}$
07 $\frac{1}{10}$　08 $\frac{2}{7}$　09 $\frac{8}{16}$
10 $\frac{1}{5}$　11 $\frac{2}{12}$　12 $\frac{3}{11}$
13 $\frac{1}{8}$　14 $\frac{3}{17}$　15 $\frac{8}{16}$
16 $\frac{9}{19}$　17 $\frac{3}{10}$　18 $\frac{3}{22}$

02A ▶ 14쪽

01 $\frac{4}{8}$　02 $\frac{9}{10}$　03 $\frac{5}{15}$
04 $\frac{7}{12}$　05 $\frac{8}{9}$　06 $\frac{11}{17}$
07 $\frac{7}{16}$　08 $\frac{6}{7}$　09 $\frac{3}{10}$
10 $\frac{12}{14}$　11 $\frac{8}{18}$　12 $\frac{8}{14}$
13 $\frac{5}{13}$　14 $\frac{10}{11}$　15 $\frac{1}{9}$
16 $\frac{5}{8}$　17 $\frac{16}{19}$　18 $\frac{14}{20}$

▶ 15쪽

01 $\frac{8}{9}$, $\frac{4}{9}$　02 $\frac{12}{14}$, $\frac{6}{14}$　03 $\frac{15}{17}$, $\frac{5}{17}$
04 $\frac{11}{12}$, $\frac{1}{12}$　05 $\frac{12}{15}$, $\frac{6}{15}$　06 $\frac{8}{11}$, $\frac{2}{11}$
07 $\frac{16}{18}$, $\frac{10}{18}$　08 $\frac{12}{16}$, $\frac{4}{16}$　09 $\frac{14}{24}$, $\frac{2}{24}$

02B ▶ 16쪽

01 $\frac{8}{11}$　02 $\frac{6}{17}$　03 $\frac{5}{6}$
04 $\frac{1}{7}$　05 $\frac{7}{15}$　06 $\frac{4}{16}$
07 $\frac{2}{12}$　08 $\frac{9}{13}$　09 $\frac{11}{15}$
10 $\frac{9}{18}$　11 $\frac{3}{11}$　12 $\frac{4}{9}$
13 $\frac{6}{8}$　14 $\frac{2}{10}$　15 $\frac{17}{20}$
16 $\frac{7}{14}$　17 $\frac{15}{19}$　18 $\frac{4}{9}$

▶ 17쪽

01 $\frac{7}{8}$　02 $\frac{3}{22}$　03 $\frac{2}{12}$
04 $\frac{10}{15}$　05 $\frac{9}{11}$　06 $\frac{5}{9}$
07 $\frac{10}{13}$　08 $\frac{7}{10}$　09 $\frac{17}{19}$
10 $\frac{8}{14}$　11 $\frac{7}{10}$　12 $\frac{4}{16}$
13 $\frac{14}{17}$　14 $\frac{9}{18}$　15 $\frac{5}{15}$

03A ▶ 18쪽

01 1　02 2　03 6
04 8　05 2　06 8
07 6　08 1　09 7
10 2　11 10　12 4
13 5　14 5　15 5
16 12　17 9　18 9

▶ 19쪽

01 3　02 12　03 9
04 13　05 7　06 1
07 11　08 3　09 4
10 3　11 2　12 5
13 2　14 4　15 2
16 4　17 15　18 2

03B ▶ 20쪽

01 3　02 11　03 10
04 3　05 6　06 7
07 7　08 1　09 6
10 7　11 2　12 6
13 2　14 6　15 13
16 4　17 6　18 2

▶ 21쪽

01 3　02 2　03 8
04 6　05 1　06 4
07 4　08 6　09 4
10 5　11 7　12 9
13 13　14 11　15 4
16 6　17 7　18 5

04A ▶ 22쪽

01 11, 1, 4　02 15, 1, 5
03 16, 1, 4　04 11, 1, 2
05 7, 1, 1　06 17, 1, 6
07 15, 1, 2　08 11, 1, 3
09 17, 1, 7　10 15, 1, 6

▶ 23쪽

01 $1\frac{6}{8}$　02 $1\frac{7}{14}$　03 $1\frac{1}{10}$
04 $1\frac{3}{16}$　05 $1\frac{4}{13}$　06 $1\frac{12}{23}$
07 $1\frac{6}{19}$　08 $1\frac{2}{7}$　09 $1\frac{4}{12}$
10 $1\frac{7}{11}$　11 $1\frac{1}{15}$　12 $1\frac{10}{17}$
13 $1\frac{4}{9}$　14 $1\frac{3}{6}$　15 $1\frac{6}{14}$
16 $1\frac{5}{18}$　17 $1\frac{1}{12}$　18 $1\frac{1}{9}$

04B ▶ 24쪽

01 $1\frac{2}{12}$　02 $1\frac{2}{15}$　03 $1\frac{13}{19}$
04 $1\frac{10}{16}$　05 $1\frac{6}{13}$　06 $1\frac{5}{7}$
07 $1\frac{3}{9}$　08 $1\frac{1}{4}$　09 $1\frac{9}{21}$
10 $1\frac{5}{11}$　11 $1\frac{9}{24}$　12 $1\frac{4}{10}$

29A ▶ 128쪽

01 3, 2, 6
02 5, 4, 20

▶ 129쪽

01 30가지	02 42가지
03 56가지	04 72가지
05 90가지	06 110가지
07 132가지	08 182가지

29B ▶ 130쪽

01 3, 2, 2, 3	02 6, 5, 2, 15
03 8, 7, 2, 28	04 12, 11, 2, 66

▶ 131쪽

01 6가지	02 10가지
03 21가지	04 36가지
05 45가지	06 55가지
07 78가지	08 105가지

30A ▶ 132쪽

01 3, 2, 2, 3
02 5, 4, 2, 10
03 6, 5, 2, 15

▶ 133쪽

01 6개	02 21개
03 28개	04 36개
05 45개	06 55개
07 66개	08 91개

30B ▶ 134쪽

01 7, 4, 2, 14
02 8, 5, 2, 20

▶ 135쪽

01 2개	02 5개
03 27개	04 35개
05 44개	06 54개
07 65개	08 77개

31A ▶ 136쪽

01 5, 900
02 6, 1080

▶ 137쪽

01 360°	02 540°
03 1260°	04 1440°
05 1620°	06 1800°
07 1980°	08 2160°

31B ▶ 138쪽

01 90°	02 108°
03 120°	04 135°
05 140°	06 144°
07 150°	08 162°

▶ 139쪽

01 210°	02 225°
03 210°	04 216°
05 168°	06 120°
07 132°	08 165°

32A ▶ 140쪽

01 15개
02 42가지
03 45경기
04 66번
05 1980°
06 198°

▶ 141쪽

01 28경기
02 28가지
03 10개
04 14개
05 144°
06 90°

교과에선 이런 문제를 다루어요 ▶ 142쪽

01

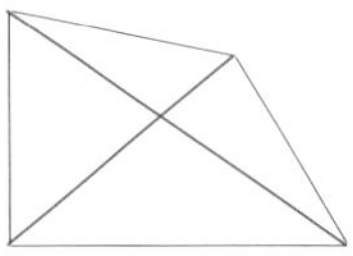

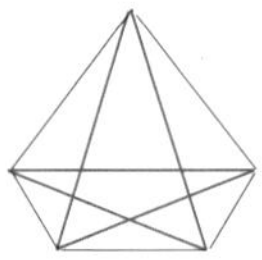

02 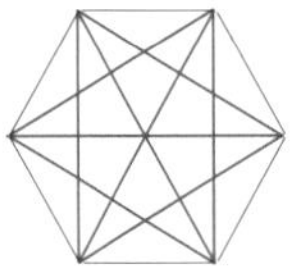 , 9개

03 가, 다, 나

04 720° 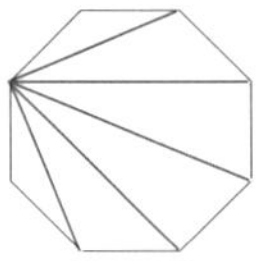 1080°

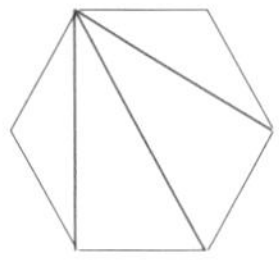

05 108, 120

06 한 꼭짓점에서 그을 수 있는 대각선의 수는 다각형의 꼭짓점 수보다 3 작습니다.
꼭짓점 수가 많을수록 더 많은 대각선을 그을 수 있습니다.
여러 가지 정답이 가능합니다.

Quiz Quiz ▶ 144쪽

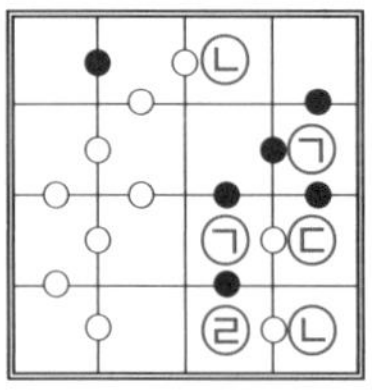

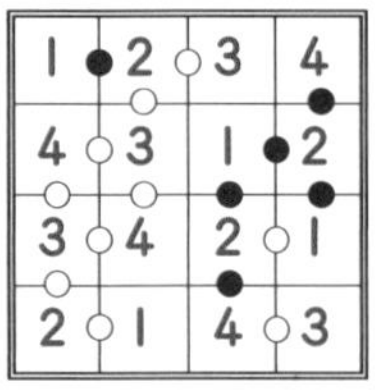

1	2	3	4
4	3	1	2
3	4	2	1
2	1	4	3

●2개가 나란히 놓인 줄에는 서로 2배가 되는 1, 2, 4가 놓이고, 가운데에는 2가 놓입니다. ㉠=2입니다. 또한 3은 ●와 이웃할 수 없기 때문에 ㉡=3입니다.
㉢은 왼쪽의 2와 1 차이 나고 2배 하면 위쪽의 2가 되기 때문에 ㉢=1입니다.
㉣은 오른쪽의 3과 1 차이 나고 위쪽의 2의 2배이기 때문에 ㉣=4입니다.
이와 같은 규칙을 이용하여 오른쪽과 같이 수를 채워 넣을 수 있습니다.

▶ 69쪽

01 1.8, 0.8　02 35.8, 9.2
03 6.29, 2.43　04 0.805, 0.553
05 5.115, 2.167　06 1.46, 0.36
07 12.9, 5.5　08 5.08, 4.46
09 8.8, 4.46　10 10.121, 2.303

15B ▶ 70쪽

01 10.5　02 9.32
03 0.133　04 50.8
05 6.96　06 9.8
07 8.056　08 12.693
09 4.9　10 0.67
11 13.59　12 12.522

▶ 71쪽

01 5.58　02 7.738
03 12.339　04 14.599
05 3.02　06 0.6
07 9.1　08 10.5
09 4.612　10 2.35
11 2.77　12 5.7

16A ▶ 72쪽

01 1.66　02 2.188
03 2.67　04 9.004
05 5.987　06 6.109
07 8.193　08 5.56
09 2.988　10 5.633
11 4.812　12 3.28

▶ 73쪽

01 11.957　02 0.515
03 7.38　04 8.69
05 3.876　06 12.24
07 15.944　08 6.97
09 5.93　10 17.245
11 5.639　12 1.616
13 5.731　14 1.21

16B ▶ 74쪽

01 15.79　02 7.25
03 11.185　04 9.044　05 2.657
06 7.062　07 5.84　08 2.809

▶ 75쪽

01 0.515
02 5.43　03 4.581
04 8.35　05 9.897
06 9.498　07 11.36
08 10.619　09 5.05
10 7.076　11 8.39
12 11.885　13 7.396

17A ▶ 76쪽

01 8.12　02 4.767
03 5.525　04 77.33
05 7.726　06 12.953
07 3.455　08 10.79
09 10.08　10 5.09
11 3.517　12 12.482
13 9.203　14 11.253

▶ 77쪽

01 10.37　02 16.049
03 4.62　04 5.914
05 16.967　06 9.66
07 11.77　08 14.585
09 7.901　10 6.988
11 9.328　12 13.421

17B ▶ 78쪽

01 12.07　02 6.949
03 5.155　04 10.44
05 5.97　06 6.614
07 7.544　08 9.815
09 19.88　10 7.09
11 6.582　12 6.131
13 15.314　14 6.519

▶ 79쪽

01 13.78　02 1.188
03 8.284　04 5.86
05 7.714　06 15.964
07 13.37　08 6.872
09 9.921　10 10.98
11 10.524　12 6.648

18A ▶ 80쪽

01 1.462　02 9.348
03 3.23　04 3.968
05 3.36　06 2.95
07 8.43　08 9.356
09 1.884　10 6.666
11 0.299　12 2.929

▶ 81쪽

01 0.393　02 8.58
03 6.506　04 4.09
05 0.92　06 4.149
07 1.939　08 3.761
09 5.64　10 2.898
11 1.85　12 2.544
13 1.007　14 1.26

18B ▶ 82쪽

01 2.408　02 2.93
03 2.464　04 2.217　05 1.909
06 3.15　07 3.123　08 4.59

▶ 83쪽

01 1.43
02 2.173　03 3.947
04 1.86　05 2.096
06 3.396　07 1.329
08 0.271　09 0.43
10 4.608　11 1.873
12 1.42　13 2.381

19A ▶ 84쪽

01 0.393　02 6.41
03 1.597　04 3.315
05 7.36　06 4.62
07 6.907　08 5.281
09 3.164　10 1.044
11 3.79　12 2.457
13 2.42　14 0.8

▶ 85쪽

01 2.03　02 1.35
03 1.746　04 1.992
05 6.075　06 0.65
07 1.409　08 2.112
09 1.24　10 0.429
11 3.546　12 2.031

19B ▶ 86쪽

01 0.04　02 0.29
03 2.644　04 2.98
05 1.153　06 7.75

▶ 53쪽

01 $3\frac{67}{100}$ 02 0.61
03 0.453 04 $\frac{25}{100}$ 05 0.05
06 6.29 07 $9\frac{6}{100}$ 08 5.049
09 $\frac{558}{1000}$ 10 0.4 11 $2\frac{4}{1000}$
12 $8\frac{28}{100}$ 13 1.08 14 $5\frac{7}{10}$
15 0.707 16 $1\frac{24}{1000}$ 17 9.415

11B ▶ 54쪽

01 3 ; 6 ; 7 02 1 ; 6 ; 4
03 2 ; 9 ; 1 ; 4 04 5 ; 3 ; 0 ; 8
05 672 06 802
07 4 ; 53 08 10 ; 85

▶ 55쪽

01 2.501 02 0.37
03 6.146 04 2.09
05 0.92 06 6.16
07 2.403 08 2.83
09 0.465 10 3.237
11 1.581 12 2.69

12A ▶ 56쪽

01 34.5 02 0.065 03 0.012
04 8.8 05 27.1 06 123.07
07 651 08 0.432 09 405
10 9.54 11 0.052 12 3290

▶ 57쪽

01 0.04 02 24
03 650 04 0.12 05 500.5
06 0.048 07 9040 08 5.247
09 834 10 0.006 11 5
12 1244 13 4.9 14 0.97
15 0.5 16 42110 17 0.516

12B ▶ 58쪽

01 10 02 100
03 $\frac{1}{10}$ 04 $\frac{1}{1000}$
05 1000 06 $\frac{1}{10}$
07 $\frac{1}{100}$ 08 100

▶ 59쪽

01 10 02 100
03 1000 04 $\frac{1}{100}$
05 $\frac{1}{100}$ 06 $\frac{1}{10}$
07 10 08 $\frac{1}{10}$
09 $\frac{1}{10}$ 10 $\frac{1}{1000}$
11 1000 12 10
13 10 14 100
15 $\frac{1}{1000}$ 16 $\frac{1}{100}$

13A ▶ 60쪽

01 0.08, $\frac{1}{10}$ 02 1.6, $\frac{1}{10}$
03 88, 10 04 1.541, $\frac{1}{1000}$ 05 160, 100
06 490, 100 07 4.1, $\frac{1}{100}$ 08 1500, 1000
09 0.056, $\frac{1}{1000}$ 10 400, 1000 11 9, 10

▶ 61쪽

01 4.802 02 1.2 03 0.08
04 71 05 0.006 06 1053
07 470 08 8.1 09 8
10 2.7 11 60 12 0.63
13 0.484 14 95 15 0.057
16 3500 17 0.2 18 800
19 243 20 470 21 6.005

13B ▶ 62쪽

01 0.365, $\frac{1}{1000}$ 02 3400, 1000
03 5.339, $\frac{1}{1000}$ 04 4100, 1000 05 7.51, $\frac{1}{1000}$
06 6100, 1000 07 9600, 1000 08 0.65, $\frac{1}{1000}$
09 2.048, $\frac{1}{1000}$ 10 900, 1000 11 0.465, $\frac{1}{1000}$

▶ 63쪽

01 2500 02 7.706 03 8900
04 0.408 05 1200 06 0.656
07 400 08 970 09 7800
10 40.827 11 0.042 12 3080
13 6094 14 0.487 15 0.004
16 50 17 6.903 18 7450
19 6.05 20 6525 21 6.51

14A ▶ 64쪽

01 2.28 02 7.6
03 7.774 04 30.2
05 15.2 06 0.33
07 6.641 08 5.5 09 5.95
10 21.9 11 11.31 12 3.813

▶ 65쪽

01 6.94 02 10.019
03 46.7 04 5.589
05 6.83 06 13.75
07 3.287 08 23
09 3.75 10 9.1 11 2.598
12 5.645 13 18.13 14 8

14B ▶ 66쪽

01 2.23 02 1.9
03 4.8 04 1.5
05 5.74 06 2.349
07 0.469 08 0.42 09 1.7
10 1.88 11 4.211 12 10.4

▶ 67쪽

01 2.7 02 0.157
03 3.51 04 2.8
05 4.09 06 3.635
07 1.87 08 5.94
09 1.87 10 0.458 11 54.55
12 1.188 13 9.3 14 5.8

15A ▶ 68쪽

01 8 02 4.6
03 0.39 04 10.14
05 4.69 06 4.205
07 1.097 08 5.5
09 8.4 10 13.38
11 14.236 12 31.15
13 2.5 14 4.621

11 $2\frac{2}{11}$　12 $8\frac{2}{5}$

08A ▶ 38쪽

01 4, 1, 2, 1, 3, 1
02 7, 3, 2, 7, 4, 1, 3
03 17, 6, 11, 2, 3
04 22, 17, 5

▶ 39쪽

01 $1\frac{5}{7}$　02 $1\frac{3}{9}$　03 $3\frac{5}{10}$
04 $\frac{5}{8}$　05 $2\frac{11}{19}$　06 $4\frac{3}{7}$
07 $2\frac{5}{13}$　08 $2\frac{2}{4}$　09 $\frac{12}{15}$
10 $\frac{6}{7}$　11 $2\frac{5}{12}$　12 $1\frac{9}{14}$
13 $2\frac{5}{6}$　14 $1\frac{7}{10}$　15 $2\frac{4}{5}$
16 $2\frac{8}{11}$　17 $4\frac{4}{9}$　18 $2\frac{2}{8}$

08B ▶ 40쪽

01 $3\frac{6}{7}$　02 $2\frac{3}{5}$
03 $2\frac{6}{9}$　04 $3\frac{7}{10}$　05 $1\frac{1}{6}$
06 $4\frac{11}{13}$　07 $\frac{10}{16}$　08 $1\frac{8}{12}$
09 $1\frac{5}{8}$　10 $2\frac{9}{13}$　11 $4\frac{2}{8}$
12 $5\frac{3}{4}$　13 $1\frac{6}{10}$　14 $2\frac{3}{7}$
15 $7\frac{3}{9}$　16 $2\frac{13}{15}$　17 $\frac{4}{6}$

▶ 41쪽

01 $4\frac{5}{8}$　02 $3\frac{12}{15}$　03 $1\frac{8}{9}$
04 $2\frac{4}{10}$　05 $3\frac{2}{4}$　06 $3\frac{4}{7}$
07 $\frac{13}{16}$　08 $1\frac{1}{12}$　09 $5\frac{6}{10}$
10 $\frac{4}{9}$　11 $3\frac{7}{8}$　12 $2\frac{14}{24}$
13 $1\frac{3}{6}$　14 $1\frac{6}{12}$　15 $3\frac{9}{13}$
16 $1\frac{7}{10}$　17 $2\frac{5}{7}$　18 $5\frac{7}{14}$

09A ▶ 42쪽

01 $\frac{3}{5}$　02 $2\frac{8}{10}$　03 $3\frac{9}{12}$
04 $1\frac{3}{9}$　05 $\frac{4}{6}$　06 $3\frac{4}{7}$
07 $3\frac{3}{8}$　08 $3\frac{3}{13}$　09 $5\frac{3}{4}$
10 $1\frac{1}{5}$　11 $1\frac{4}{11}$　12 $4\frac{9}{10}$
13 $1\frac{5}{8}$　14 $5\frac{14}{16}$　15 $3\frac{5}{6}$
16 $2\frac{11}{12}$　17 $2\frac{4}{7}$　18 $\frac{6}{9}$

▶ 43쪽

01 $2\frac{9}{14}$　02 $2\frac{9}{10}$　03 $3\frac{11}{16}$
04 $1\frac{3}{8}$　05 $1\frac{17}{21}$　06 $1\frac{7}{11}$
07 $\frac{8}{9}$　08 $3\frac{8}{12}$　09 $1\frac{4}{7}$
10 $3\frac{11}{13}$　11 $4\frac{1}{15}$　12 $1\frac{14}{18}$

09B ▶ 44쪽

01 $2\frac{5}{7}$　02 $2\frac{11}{13}$　03 $5\frac{15}{17}$
04 $4\frac{20}{22}$　05 $1\frac{7}{10}$　06 $\frac{9}{11}$
07 $3\frac{6}{16}$　08 $2\frac{5}{14}$　09 $2\frac{6}{9}$
10 $1\frac{7}{8}$　11 $4\frac{3}{12}$　12 $2\frac{8}{16}$
13 $1\frac{9}{14}$　14 $\frac{4}{9}$　15 $1\frac{18}{21}$
16 $3\frac{4}{5}$　17 $2\frac{12}{15}$　18 $\frac{4}{8}$

▶ 45쪽

01 $\frac{8}{10}$　02 $3\frac{9}{13}$
03 $1\frac{8}{11}$　04 $3\frac{13}{17}$
05 $1\frac{2}{12}$　06 $2\frac{4}{6}$
07 $2\frac{10}{15}$　08 $1\frac{7}{8}$
09 $3\frac{4}{9}$　10 $3\frac{2}{14}$
11 $\frac{9}{16}$　12 $6\frac{3}{7}$

10A ▶ 46쪽

01 $6\frac{5}{7}$; $1\frac{6}{7}$　02 $9\frac{1}{9}$; $3\frac{5}{9}$　03 $9\frac{8}{14}$; $1\frac{12}{14}$
04 $6\frac{1}{5}$; $2\frac{3}{5}$　05 $10\frac{1}{6}$; $\frac{3}{6}$　06 $7\frac{3}{10}$; $3\frac{5}{10}$
07 $6\frac{1}{21}$; $1\frac{4}{21}$　08 $9\frac{6}{8}$; $2\frac{4}{8}$　09 $6\frac{9}{12}$; $1\frac{9}{12}$

▶ 47쪽

01 $4\frac{3}{5}$　02 $2\frac{12}{16}$
03 $5\frac{1}{6}$　04 $2\frac{6}{8}$
05 $1\frac{3}{9}$　06 $2\frac{4}{10}$
07 $2\frac{5}{7}$　08 $1\frac{7}{11}$

교과에선 이런 문제를 다루어요 ▶ 48쪽

01 $1\frac{3}{4}$, $2\frac{2}{4}$, $4\frac{1}{4}$; $3\frac{4}{5}$, $2\frac{1}{5}$, $1\frac{3}{5}$
02 $7\frac{1}{8}$, $2\frac{3}{7}$, $4\frac{5}{9}$
03 식 : $1\frac{4}{10}+\frac{8}{10}=2\frac{2}{10}$; 답 : $2\frac{2}{10}$
04 식 : $7\frac{2}{6}-4\frac{5}{6}=2\frac{3}{6}$; 답 : $2\frac{3}{6}$
05 $6\frac{1}{9}$
06 2, 6, $2\frac{7}{11}$
07 10

Quiz Quiz ▶ 50쪽

1에서 9까지의 숫자를 180° 돌리면 다음과 같습니다.

1 2 3 4 5 6 7 8 9
1 ᘔ Ɛ ㄣ ϛ 9 ㄥ 8 6

이 중 서로 바뀌어 보이는 숫자는 6과 9입니다. 따라서 180° 돌렸을 때 수가 똑같은 진분수는 $\frac{6}{9}$입니다.

PART 2. 소수의 덧셈과 뺄셈

11A ▶ 52쪽

01 0.3　02 0.17　03 0.405
04 2.6　05 0.09　06 8.119
07 0.8　08 3.48　09 0.056
10 3.5　11 8.08　12 5.024

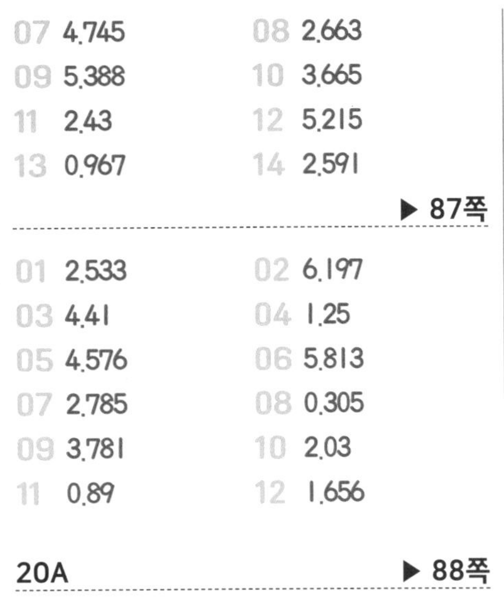

07 4.745　08 2.663
09 5.388　10 3.665
11 2.43　12 5.215
13 0.967　14 2.591

▶ 87쪽

01 2.533　02 6.197
03 4.41　04 1.25
05 4.576　06 5.813
07 2.785　08 0.305
09 3.781　10 2.03
11 0.89　12 1.656

20A ▶ 88쪽

01 9.93　02 0.415
03 1.327　04 3.715
05 2.095　06 1.988
07 11.732　08 4.23
09 2.72　10 14.239
11 1.755　12 5.71
13 6.037　14 10.53

▶ 89쪽

01 0.417, 0.177　02 0.686, 0.254
03 13.615, 0.875　04 5.33, 3.13
05 11.831, 6.431　06 10.623, 5.823
07 9.333, 0.867　08 7.75, 3.95
09 5.341, 0.839　10 3.405, 1.795

교과에선 이런 문제를 다루어요 ▶ 90쪽

01 0.368, 0.37
0.359, 0.379
0.269, 0.469
02 수민, 여령
03 합 : 2.943, 차 : 0.457
04

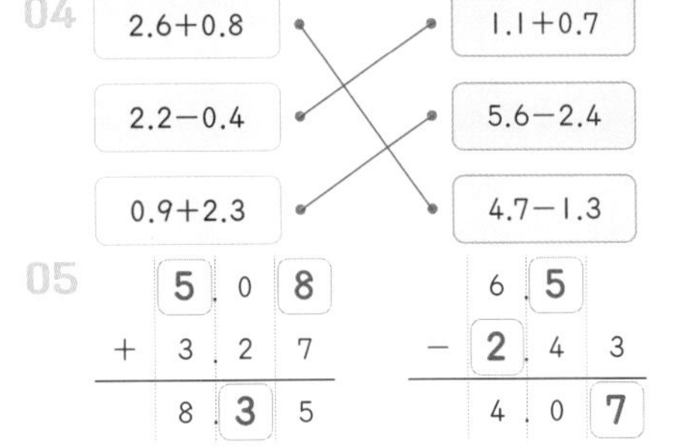

05

06 식 : 12.4−5.27−3.4=3.73, 답 : 3.73
07 식 : 2.3−1.04+1.5=2.76, 답 : 2.76

Quiz Quiz ▶ 92쪽

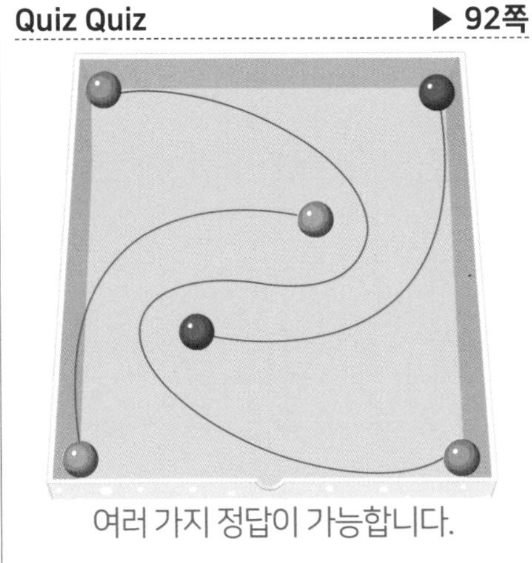

여러 가지 정답이 가능합니다.

PART 3. 다각형의 변과 각

21A ▶ 94쪽

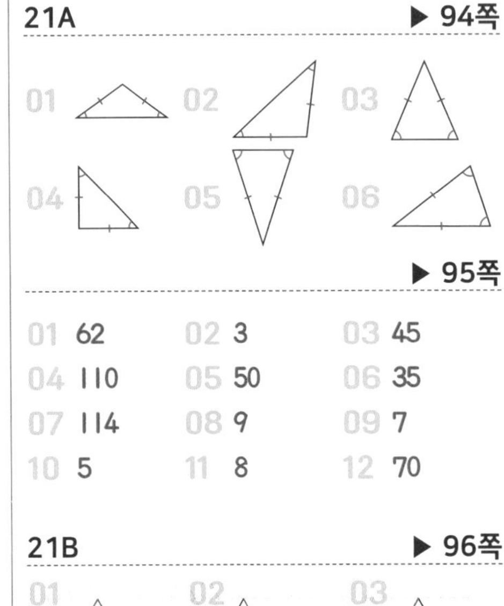

01　02　03
04　05　06

▶ 95쪽

01 62　02 3　03 45
04 110　05 50　06 35
07 114　08 9　09 7
10 5　11 8　12 70

21B ▶ 96쪽

01　02　03

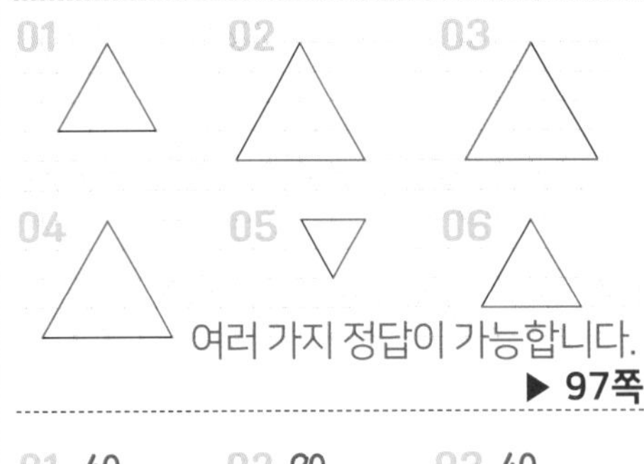

04　05　06

여러 가지 정답이 가능합니다.

▶ 97쪽

01 40　02 90　03 40
04 96　05 44　06 76
07 105　08 90　09 70
10 100　11 65　12 105

22A ▶ 98쪽

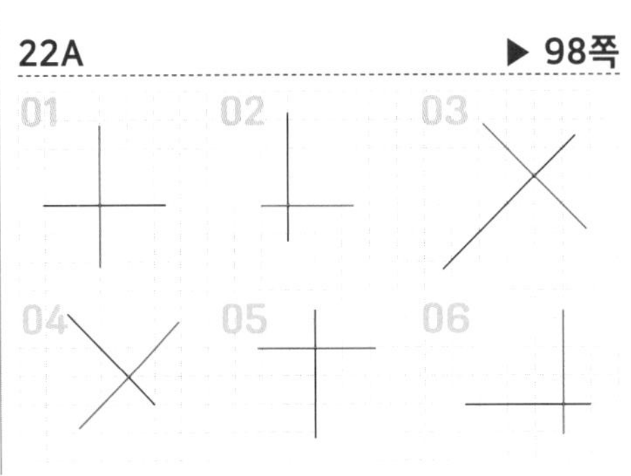

01　02　03
04　05　06

▶ 99쪽

01 55　02 39　03 73
04 25　05 51　06 52
07 62　08 22　09 60
10 153　11 42　12 46

22B ▶ 100쪽

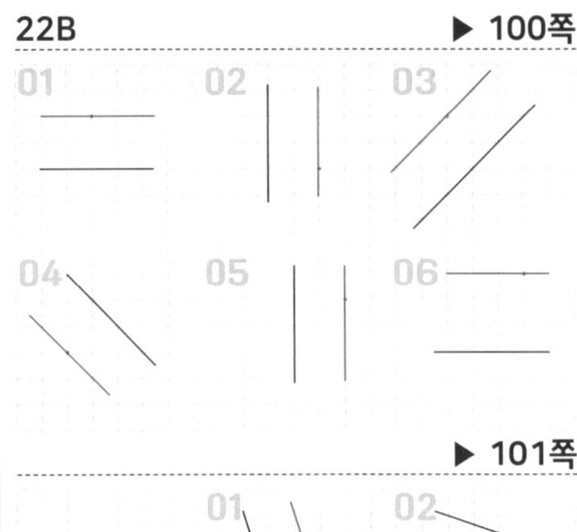

01　02　03
04　05　06

▶ 101쪽

01　02
03　04　05
06　07　08
09　10　11

23A ▶ 102쪽

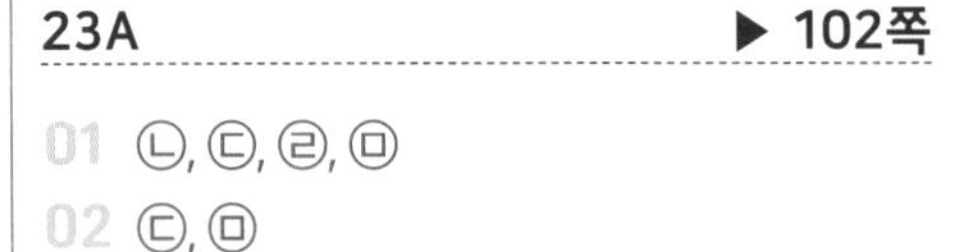

01 ㉡, ㉢, ㉣, ㉤
02 ㉢, ㉤

▶ 103쪽

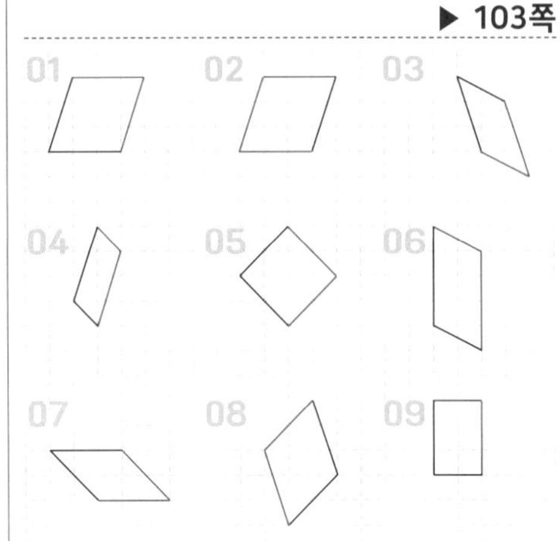

01　02　03
04　05　06
07　08　09

10 11 12

23B ▶ 104쪽

01 110　02 52, 128　03 132, 16
04 16, 12　05 30, 7　06 90, 90
07 116, 64　08 58, 58　09 50, 17
10 144, 5　11 84, 84　12 133, 6

▶ 105쪽

01 7, 100　02 55, 11　03 137, 8
04 70, 70　05 13, 63　06 5, 38
07 36, 4　08 45, 45　09 110, 9
10 51, 5　11 18, 119　12 114, 10

24A ▶ 106쪽

01 02 03

▶ 107쪽

01 130, 50　02 114, 114　03 116, 64
04 90, 90　05 70, 110　06 60, 120
07 82, 98　08 36, 144　09 104, 76
10 120, 60　11 54, 54　12 92, 92

24B ▶ 108쪽

01 32, 58　02 54, 36　03 24, 132
04 118, 59　05 33, 57　06 37, 53
07 38, 52　08 45, 45　09 59, 59
10 50, 65　11 41, 49　12 32, 116

▶ 109쪽

01 49, 41　02 64, 26　03 108, 36
04 25, 65　05 53, 37　06 48, 42
07 40, 50　08 66, 33　09 60, 30
10 38, 52　11 15, 15　12 18, 72

25A ▶ 110쪽

01 64　02 124　03 10
04 40　05 58　06 13
07 28　08 66　09 64
10 108　11 53　12 70

▶ 111쪽

01 34　02 90　03 73
04 73　05 55　06 6
07 112　08 5　09 70
10 76　11 128　12 116

25B ▶ 112쪽

01 108　02 16　03 130
04 8　05 50　06 45
07 52　08 10　09 13
10 38　11 15　12 48

▶ 113쪽

01 60　02 7　03 60
04 40　05 34　06 142
07 74　08 130　09 60
10 75　11 36　12 132

26A ▶ 114쪽

01 65　02 45　03 29
04 29　05 136　06 63
07 42　08 76　09 25
10 19　11 60　12 48

▶ 115쪽

01 40　02 70　03 27
04 69　05 70　06 33
07 15　08 128　09 45
10 77　11 108　12 24

교과에선 이런 문제를 다루어요 ▶ 116쪽

01 35, 21, 15, 60
02 변 ㄱㄹ, 변 ㄴㄷ
03 ○, △, ○
04 평행사변형입니다.
마주 보는 두 쌍의 변이 서로 평행하기 때문입니다.
05 133, 12, 104, 11
06
07 나, 다
08 ④

Quiz Quiz ▶ 118쪽

다른 도형은 변의 길이와 내각의 크기가 같은 정다각형이지만 주황색 오각형은 그렇지 않습니다.
에 ○표 합니다.

PART 4. 가짓수 구하기와 다각형의 각

27A ▶ 120쪽

01 3, 4, 12　02 4, 2, 8

▶ 121쪽

01 4개　02 8개
03 6개　04 9개
05 15개　06 16개
07 10개　08 24개

27B ▶ 122쪽

01 3, 4, 12
02 2, 5, 10
03 5, 5, 25
04 5, 3, 15
05 6, 6, 36
06 4, 3, 12

▶ 123쪽

01 6, 5, 30
02 6, 4, 24
03 9, 9, 81
04 3, 3, 9
05 4, 4, 3, 48
06 4, 4, 16

28A ▶ 124쪽

01 3, 2, 2, 3　02 4, 3, 2, 6
03 5, 4, 2, 10　04 6, 5, 2, 15

▶ 125쪽

01 1번　02 21번
03 28번　04 36번
05 45번　06 55번
07 66번　08 78번

28B ▶ 126쪽

01 3, 2, 2, 3　02 5, 4, 2, 10
03 6, 5, 2, 15　04 7, 6, 2, 21

▶ 127쪽

01 6경기　02 28경기
03 36경기　04 45경기
05 55경기　06 66경기
07 78경기　08 91경기

13 $1\frac{3}{14}$ 14 $1\frac{1}{6}$ 15 $1\frac{5}{18}$
16 $1\frac{4}{17}$ 17 $1\frac{4}{12}$ 18 $1\frac{2}{15}$

▶ 25쪽

01 $1\frac{6}{16}$ 02 $1\frac{1}{9}$ 03 $1\frac{2}{11}$
04 $1\frac{7}{15}$ 05 $1\frac{3}{14}$ 06 $1\frac{5}{18}$
07 $1\frac{8}{25}$ 08 $1\frac{4}{10}$ 09 $1\frac{1}{13}$
10 $1\frac{2}{5}$ 11 $1\frac{15}{22}$ 12 $1\frac{1}{7}$
13 $1\frac{4}{19}$ 14 $1\frac{2}{11}$ 15 $1\frac{7}{12}$
16 $1\frac{2}{8}$ 17 $1\frac{3}{14}$ 18 $1\frac{12}{17}$

05A ▶ 26쪽

01 13, 7 02 15, 9
03 8, 4 04 16, 8
05 9, 4 06 12, 3
07 13, 6 08 4, 2
09 14, 8 10 8, 4

▶ 27쪽

01 $\frac{2}{4}$ 02 $\frac{6}{10}$ 03 $\frac{7}{9}$
04 $\frac{4}{5}$ 05 $\frac{8}{12}$ 06 $\frac{13}{16}$
07 $\frac{6}{11}$ 08 $\frac{5}{6}$ 09 $\frac{16}{20}$
10 $\frac{14}{15}$ 11 $\frac{12}{14}$ 12 $\frac{6}{8}$
13 $\frac{6}{9}$ 14 $\frac{4}{11}$ 15 $\frac{8}{12}$
16 $\frac{12}{13}$ 17 $\frac{5}{7}$ 18 $\frac{11}{14}$

05B ▶ 28쪽

01 $\frac{8}{9}$ 02 $\frac{7}{10}$ 03 $\frac{5}{7}$
04 $\frac{8}{20}$ 05 $\frac{9}{14}$ 06 $\frac{2}{5}$
07 $\frac{14}{21}$ 08 $\frac{3}{4}$ 09 $\frac{13}{18}$
10 $\frac{15}{16}$ 11 $\frac{7}{9}$ 12 $\frac{5}{6}$
13 $\frac{13}{15}$ 14 $\frac{3}{11}$ 15 $\frac{9}{12}$
16 $\frac{2}{3}$ 17 $\frac{5}{8}$ 18 $\frac{8}{10}$

▶ 29쪽

01 $\frac{10}{15}$ 02 $\frac{6}{9}$ 03 $\frac{11}{18}$
04 $\frac{3}{6}$ 05 $\frac{10}{11}$ 06 $\frac{8}{12}$
07 $\frac{7}{9}$ 08 $\frac{9}{14}$ 09 $\frac{19}{23}$
10 $\frac{6}{8}$ 11 $\frac{17}{21}$ 12 $\frac{15}{17}$

06A ▶ 30쪽

01 3, 2, 1, 4, 5, 5
02 2, 2, 3, 4, 4, 1, 2, 5, 2
03 15, 10, 25, 6, 1
04 25, 15, 40, 4, 4

▶ 31쪽

01 $7\frac{2}{5}$ 02 $5\frac{4}{13}$ 03 $6\frac{7}{10}$
04 $7\frac{2}{7}$ 05 $6\frac{1}{6}$ 06 $3\frac{3}{14}$
07 $6\frac{4}{15}$ 08 $4\frac{3}{4}$ 09 $5\frac{8}{9}$
10 $7\frac{5}{8}$ 11 $7\frac{3}{7}$ 12 $4\frac{11}{15}$
13 $4\frac{4}{9}$ 14 $3\frac{10}{11}$ 15 $3\frac{3}{16}$
16 $6\frac{5}{7}$ 17 $7\frac{5}{10}$ 18 $5\frac{7}{12}$

06B ▶ 32쪽

01 $2\frac{2}{8}$ 02 $2\frac{7}{9}$
03 $4\frac{3}{7}$ 04 $2\frac{1}{5}$ 05 $5\frac{2}{6}$
06 $2\frac{2}{11}$ 07 $6\frac{3}{12}$ 08 $5\frac{3}{7}$
09 $7\frac{6}{15}$ 10 $6\frac{1}{4}$ 11 $5\frac{3}{13}$
12 $3\frac{2}{5}$ 13 $5\frac{2}{11}$ 14 $5\frac{1}{8}$
15 $3\frac{3}{9}$ 16 $5\frac{3}{6}$ 17 $6\frac{7}{10}$

▶ 33쪽

01 $6\frac{4}{8}$ 02 $2\frac{2}{11}$ 03 $3\frac{11}{13}$
04 $4\frac{1}{7}$ 05 $2\frac{4}{14}$ 06 $2\frac{1}{4}$
07 $4\frac{7}{15}$ 08 $6\frac{2}{7}$ 09 $5\frac{4}{12}$
10 $2\frac{4}{10}$ 11 $3\frac{1}{14}$ 12 $3\frac{2}{9}$

13 $7\frac{2}{5}$ 14 $4\frac{2}{10}$ 15 $5\frac{2}{6}$
16 $3\frac{5}{16}$ 17 $3\frac{3}{8}$ 18 $5\frac{5}{16}$

07A ▶ 34쪽

01 $5\frac{2}{6}$ 02 $6\frac{3}{10}$ 03 $5\frac{2}{9}$
04 $3\frac{5}{13}$ 05 $4\frac{3}{14}$ 06 $2\frac{4}{5}$
07 $4\frac{1}{4}$ 08 $3\frac{2}{6}$ 09 $5\frac{8}{13}$
10 $4\frac{14}{15}$ 11 $4\frac{8}{16}$ 12 $3\frac{2}{7}$
13 $5\frac{5}{8}$ 14 $6\frac{1}{10}$ 15 $5\frac{5}{11}$
16 $6\frac{2}{12}$ 17 $4\frac{2}{8}$ 18 $6\frac{6}{9}$

▶ 35쪽

01 $3\frac{5}{15}$ 02 $6\frac{2}{8}$ 03 $2\frac{5}{11}$
04 $9\frac{11}{16}$ 05 $4\frac{1}{10}$ 06 $4\frac{2}{14}$
07 $3\frac{2}{9}$ 08 $5\frac{8}{12}$ 09 $6\frac{3}{7}$
10 $5\frac{2}{13}$ 11 $6\frac{11}{18}$ 12 $2\frac{3}{16}$

07B ▶ 36쪽

01 $7\frac{2}{14}$ 02 $6\frac{4}{12}$ 03 $5\frac{3}{8}$
04 $4\frac{2}{7}$ 05 $4\frac{1}{4}$ 06 $5\frac{3}{10}$
07 $4\frac{3}{15}$ 08 $6\frac{4}{11}$ 09 $4\frac{2}{5}$
10 $6\frac{5}{16}$ 11 $4\frac{11}{13}$ 12 $4\frac{5}{9}$
13 $8\frac{1}{8}$ 14 $2\frac{2}{6}$ 15 $5\frac{6}{7}$
16 $5\frac{5}{9}$ 17 $5\frac{9}{14}$ 18 $5\frac{4}{6}$

▶ 37쪽

01 $9\frac{3}{14}$ 02 $5\frac{1}{17}$
03 $5\frac{2}{9}$ 04 $6\frac{3}{11}$
05 $5\frac{5}{13}$ 06 $6\frac{9}{10}$
07 $2\frac{2}{8}$ 08 $4\frac{10}{18}$
09 $6\frac{5}{21}$ 10 $2\frac{7}{12}$